Handmade Dessert

Handmade Dessert

訂製甜點的完美配方

人氣烘焙名店 VK cooking house 的零失敗祕訣

VK cooking house 著

誰說做甜點就不能漂亮亮？
誰說做甜點的人就一定得愛吃？
誰說做甜點就得有大費周章的前置作業？

挑個喜歡的吧！
讓我來輕輕鬆鬆教你們做甜點！

成為
訂製甜點師之路

還記得嗎？

小時候我們總拉著父母親在甜點櫃前徘徊，手指著櫃裡的甜點好不開心。長大後，我們似乎漸漸忘卻了這份感動和幸福。甜點給人的印象，也許很高雅、很繁瑣也很甜膩，但它卻乘載著每個製作者的時間、愛和巧思。

瑪德蓮源自孫女對於祖母的思念。
可麗露源自修女回饋給居民的心意成就了美麗的意外。而我也如同可麗露的誕生般與甜點編織了一場矛盾且溫暖的夢。

2012 年，我成立了 VK Cooking House，從網路接單為起點，開始接受訂製蛋糕。在這之前，從來沒想過自己有一天會跟甜點扯上任何關係，數年前，我是名跆拳道運動員，人生上半場只知道拿獎牌，但運動員是會被年紀與環境淘汰的，所以我開始思考人生下半場應該怎麼走，希望未來事業也能讓我一邊玩耍、一邊挑戰，這也是我後來成為甜點師的契機。

在一個偶然機會下發現，原來餅乾和蛋糕還有這樣有趣的玩法，覺得很新奇，雖然自己是完全不愛吃甜食，而且當時的我根本不知道麵粉為何物!? 但就想試著做做看，也就這樣開始了烘焙不歸路，全心全意愛上玩麵粉。閱讀了大量國內外書籍和網路資訊，甚麼樣的糖霜可以穩定拉出線條，天天練習用糖霜畫餅乾，餅乾就是我的畫布，等到糖霜餅乾上手後，遂研究起各種蛋糕作法。

我試烤所有蛋糕體給身邊的親友吃，結果大家比較喜歡海綿蛋糕跟戚風蛋糕，不習慣磅蛋糕拿來當生日蛋糕，而海綿蛋糕則是比較適合做造型。在這同時研究蛋糕夾餡，香緹鮮奶油作法最簡單也最好吃，但是質地太軟了，撐不住造型糖偶，容易塌陷的特質也不能宅配，國外的配方又太甜，在嘗試的過程中，終於調整出好吃又不易變形義式奶油霜，接著將做好的成品宅配給朋友們，除了請他們試吃口味，主要也研究要怎麼包裝才不會讓蛋糕撞壞，這點看似不起眼，但是其

實對於已訂製為主的甜點師來說，非常重要，不然做得再好、再美，它也只能在你手上漂亮。

而造型馬卡龍可能是我在甜點之路上唯一覺得挫折的甜點，研究馬卡龍花了我較多時間，因台灣潮濕，馬卡龍不容易乾燥，別說想做不一樣造型，就是圓形的也經常烤出歪斜或乾扁的裙邊，換了一個烤箱它就鬧脾氣，經過好幾番折騰最後才能做出漂亮的馬卡龍。

閒暇之餘就找新的甜點來玩，研究著怎麼做，就這樣一路邊學邊做，直到現在還是不斷的在學習著。雖然現在經常為了趕客人訂製的甜點而爆肝，我和伙伴經常互開著肝臟去哪裡的玩笑，但我一點都不引以為苦，還是努力在接單的空檔擠出時間玩新甜點。

學習的方式百百種，最重要的還是要有熱情，不管成功與失敗都是經驗值，草創期只要專精你想做的品項就好，不需要一次把自己塞滿，說到成功，也有人只專研海綿蛋糕就開了店，所以真的不需要樣樣都會！

每每見到嗜甜如命的朋友們嚐著甜點的喜悅表情，都不禁讓我好奇，開始覺得，我是否應該重新去定義和認識「甜點」。對我而言，甜點不只是工作，它乘載了我對每個人的祝福，每一個步驟和環節都有我滿滿的心意。希望正在讀這本書的每個人都能賦予甜點全新的定義，無論是親情的祝福、朋友之間的祈禱、情人之間的絮語，或者是給予疲憊的自己撫慰。

對我來說，甜點便是我下半生旅程的開始。

VK Cooking House 甜點師

Vicky 郭雅慈

PART 01　一起玩麵粉

PART 02　排隊名店的超人氣甜點

PART 03 大人味的塔和派

PART 04 經典法式甜點

PART 05 甜甜小日子·派對甜點

PART 01

一起玩麵粉

進入甜點的世界之前，先好好評估一下需要先準備什麼？工具、材料或許不用一次找齊，慢慢購足、慢慢練習，從基本功學起，努力往成為自己的甜點師這個目標邁進吧！

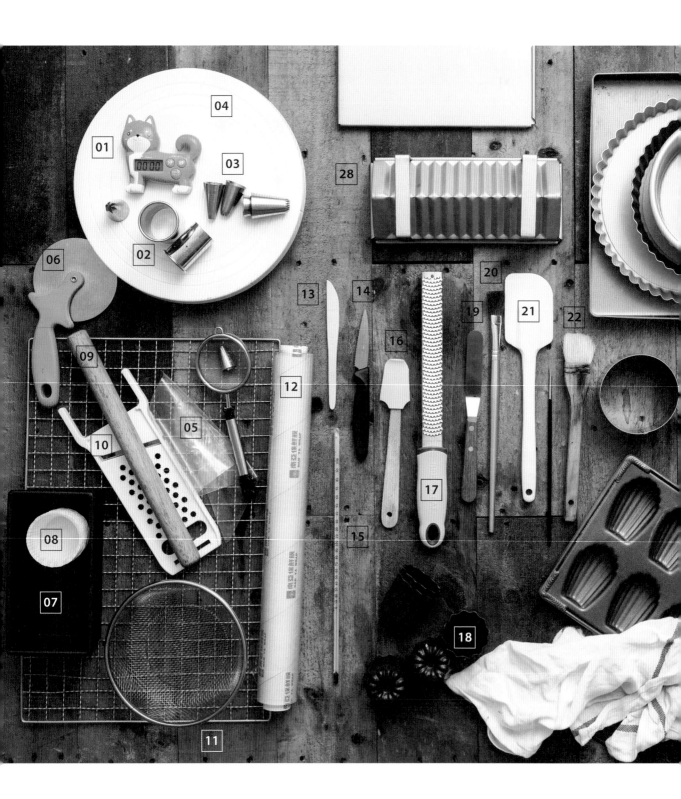

· BAKING TOOL ·

基礎工具

01 計時器：用來計算冷藏或是攪拌時間

02 餅乾模具：用來壓製餅乾麵糰形狀

03 擠花嘴：可運用不同嘴型的花嘴來擠奶油或是麵糊

04 蛋糕轉台：用於蛋糕抹奶油時使用

05 擠花袋：搭配擠花嘴使用

06 披薩輪刀：用來切割多餘翻糖

07 蛋糕模具：用來製作磅蛋糕

08 杯子蛋糕紙襯：搭配放入烤杯中，用於杯子蛋糕烘烤

09 桿麵棍：擀餅乾麵糰和翻糖

10 磨皮刀：可用於刨薄蘋果片

11 麵粉篩網：用來過篩麵粉或其他粉類，麵糊才不會結塊

12 保鮮膜：避免麵糊和麵糰乾燥時可以封上保鮮膜

13 翻糖雕刻刀：製作糖偶細節

14 小刀：將蛋糕挖洞，填入內餡

15 溫度計：用於測量溫度

16 小抹刀：用來調整糖霜

17 檸檬磨皮刀

18 可麗露模具

19 曲柄抹刀：抹平奶油

20 畫筆：用來畫上色膏或是色粉

21 橡皮刮刀：用來刮鍋具中的麵糊

22 刷子：刷油脂或是去除多餘麵粉

23 餅乾模具：這裡用來做巴黎布雷斯特的記號

24 瑪德蓮模具

25 電動攪拌棒

26 磅秤：用來秤材料重量

27 派、塔模具、蛋糕分離模

28 鹿背蛋糕模：用來烤富士山蛋糕

- BAKING MATERIAL ·

基礎材料

A　糖球：裝飾於蛋糕上
B　糖球：裝飾於蛋糕上
C　市售翻糖：用來做翻糖蛋糕
D　抹茶粉：用於添加抹茶口味
E　泡打粉：製作蛋糕膨鬆劑
F　色膏：用於麵糰或糖霜調色

G	食用色素筆：用來畫細節、眼睛	**M**	純糖粉：製作馬卡龍
H	金色色粉：用來彩繪甜點	**N**	可可粉：用於添加巧克力口味
I	金屬珍珠粉：直接塗抹甜點	**O**	杏仁粉：製作馬卡龍時使用
J	伏特加：與色膏相調、直接塗抹甜點	**P**	砂糖：製作甜點時使用
K	白色色膏：直接塗抹在甜點上	**Q**	糖粉：製作糖霜、餅乾時使用
L	低筋麵粉：製作蛋糕、餅乾	**R**	蘭姆酒：製作甜點時增加香氣

四種基礎餡料

這裡介紹大家四種超實用的甜點百搭餡料，❶ 香緹奶油醬、❷ 卡士達醬、❸ 義式奶油餡、❹ 杏仁奶油餡等，運用在甜點的夾餡或是裝飾上，美味無比！

基礎餡料 ❶

香緹鮮奶油

材料
動物性鮮奶油 250 公克
糖 25 公克
香草精 1 茶匙
萊姆酒 1 大匙

作法

1　將動物性鮮奶油、細砂糖一起放在鋼盆中。

2　用打蛋器低速打至 7 分發，至微稠程度。

3　加入香草精、萊姆酒攪拌均勻。

4　剩下的鮮奶油餡繼續打至九分發。

5　九分發約是鮮奶油拉起來有尖嘴狀，即可冷藏備用。

Q 如何打出漂亮的香緹鮮奶油？

香緹鮮奶油在法式甜點中被廣泛地運用：通常用於蛋糕上的裝飾，或是蛋糕捲中的鮮奶油內餡都是香緹鮮奶油。

如果是用於裝飾用的鮮奶油，打發時要掌握鮮奶油必須質地滑順有光澤，但是要打得儘量緊實、挺立，邊緣才不會出現裂紋，如果打得不夠發的鮮奶油質地不夠挺，會容易坍塌，但若是打太發，鮮奶油顏色會偏黃，質地不滑順或有顆粒，甚至打太過會出現油水分離喔。

用於塗抹在蛋糕表面的奶油，可以打發到攪拌器拿起時，鮮奶油還會滴落的程度，放到蛋糕上時可以往外推開就可以了。但如果是用在擠花或是蛋糕捲中的裝飾，就需要更高的硬度。若是用於蛋糕捲或是蛋糕夾心，更需要足夠硬度，所以需要打到九分，判斷方式大約是提起攪拌器時，鮮奶油呈現尖角。但要記得，尖端仍然要是稍微有點柔軟的狀態歐。

香緹鮮奶油的運用

- 泡芙類夾餡、蛋糕裝飾、千層蛋糕、蛋糕捲內餡
- 保存方式：冷藏 2 天
- 這款基礎鮮奶油是日常使用率最高的奶油餡。將鮮奶油打發到適當硬度，它就可以獨當一面裝飾海綿蛋糕，常見鮮奶油蛋糕就是這款奶油裝飾，另外以鮮奶油為基底加入其他調味，就可以是不同風味的百變奶油餡。

卡士達醬

材料

A
蛋黃 1 個
砂糖 30 公克
低筋麵粉 30 公克

B
牛奶 200 毫升
奶油 15 公克

C
香草精 1 茶匙
蘭姆酒 1 大匙

作法

1　低筋麵粉過篩。蛋黃及糖充分攪拌，再加入麵粉中攪拌成糰狀。

2　牛奶用小火煮至微微起泡，再將溫熱好的牛奶取約一半，分多次慢慢倒入步驟 1 的鍋中，每次都要攪拌到看不見液體，才可以持續添加。

3　步驟 2 的麵糊倒回原牛奶鍋中，小火加熱，利用打蛋器畫圓及畫 Z 字不停攪拌，等麵糊稍微變濃稠時攪拌速度要加快，確保底部不會燒焦，邊煮邊攪拌至濃稠且呈現小滾狀態就離火。

4　加入奶油拌勻。

5　封上保鮮模避免乾燥，然後立刻放進冷凍約 20 分鐘降溫備用。

6　從冰箱取出後，使用前將蘭姆酒及香草精加入拌勻，此為基礎卡士達醬。

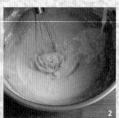

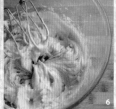

卡士達醬的運用

- 用途：泡芙夾餡、千層、塔
- 保存方式：冷藏 2 天
- 這款奶油醬是法式甜點裡非常重要的夾餡，很多奶油醬都是由它衍生出來的，細心做出好吃的卡士達醬，是甜點人的必備條件。

卡士達慕斯

卡士達醬 100 公克、無鹽奶油 100 公克

1 奶油放至室溫，用電動攪拌機打成乳霜狀。
2 加入基礎卡士達醬後再打勻即可。

**卡士達慕斯
的運用**

- 用途：馬卡龍夾餡、達克瓦茲
- 保存方式：冷藏 2 天、冷凍一週
- 在卡士達醬中拌入一半份量的打發奶油，使它口感變的扎實，也更能廣泛運用在甜點夾餡裡。但因為添加很多奶油進去，冷藏時會凝固，因此要在室溫操作使用。

卡士達鮮奶油

卡士達醬 100 公克、鮮奶油 100 公克

1 鮮奶油預先打發，再將卡士達醬及打發鮮奶油一起放置鋼盆中。
2 利用刮刀攪拌均勻即可，裝入擠花袋中使用。

**卡士達鮮奶油
的運用**

- 用途：泡芙類夾餡、千層、蛋糕捲、塔
- 保存方式：冷藏 2 天、冷凍一週
- 在卡士達中加入打發的香堤鮮奶油，使它質地變的輕盈，口感更是清柔順口。比例可以二比一當作泡芙或塔類夾餡，也可以一比一當作千層夾餡，用途非常廣泛。

巧克力榛果卡士達醬

卡士達醬 100 公克、無鹽奶油 50 公克
榛果醬 10 公克、巧克力磚 10 公克

1 將巧克力磚隔水加熱融化；再將無鹽奶油打發至乳白色。
2 卡士達醬用電動攪拌機稍微打勻後，將所有食材拌在一起即可。

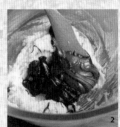

義式奶油霜

材料

糖鍋 A
砂糖 70 公克
水 20 公克

蛋白鍋 B
砂糖 15 公克
鹽 1/4 茶匙
蛋白 4 顆
無鹽奶油 220 公克
香草精 1/2 茶匙
萊姆酒 1/2 茶匙

作法

1 將所有材料分別秤量好；無鹽奶油回溫至室溫、切小塊（按壓有指痕即可，勿太軟！）

2 將 A 的糖跟水加倒入鍋中，加熱至 100℃。

3 將 B 中的蛋白高速攪拌，產生泡沫時倒入砂糖、鹽巴。

4 步驟 2 的糖鍋煮至 112℃時，緩緩倒入蛋白鍋中高速攪拌。

5 倒完糖漿後高速攪拌到降溫至 36℃，過程大約 10 分鐘，用手觸摸鍋邊不燙的程度。

6 奶油分次一小塊一小塊加入，要一邊不時用塑膠刮刀整理鍋邊。

7 奶油全部加入後開高速攪拌至完全變白且呈固狀，過程約 10 分鐘。

8 最後加入香草精及萊姆酒攪拌均勻即完成。

義式奶油霜的運用

- 馬卡龍夾餡、杯子蛋糕裝飾、造型蛋糕裝飾
- 保存方式：冷藏五天、冷凍一週
- 在無趣乏味的杯子蛋糕上，只要螺旋狀的擠上奶油霜，就可以完成可愛的杯子蛋糕。這款奶油霜是萬用奶油霜，可以依照自己喜好適量的加入水果、巧克力來調整口味。它比較耐熱、質地比較硬，不易鬆垮很適合擠花，經常用來裝飾需要造型類的各種蛋糕，另外若你的蛋糕需要長時間在常溫等待，比如婚禮蛋糕或是需要帶去比較遠的地方，可以將蛋糕做好造型的蛋糕冷凍保存，冰硬的蛋糕比較不怕路上撞歪變形。同時在馬卡龍裡低調的參與各種口味經典呈現。

Q 為什麼冷藏後拿出使用時，會油水分離？

通常是因為食材退冰不完全就開始攪拌，容易呈現油水分離的狀態，要耐心等完全退冰在開始攪拌即可；還有蛋白鍋的工具皆不能碰到水、蛋黃跟油等。步驟 2 要在 100℃ 時再開始打蛋白，目的是利用 100~112℃ 上升這 12 度的時間，讓蛋白打得夠強壯，若是蛋白打不夠硬，還太濕就沖入高溫糖漿則拌打失敗。還有步驟 4 要依照季節調整，夏天 112℃，冬天 117℃。步驟 5 的降溫也很重要，若是溫度太高時就加入奶油，口感就會變得很膩唷，這可是讓奶油爽口不黏膩的小祕訣！

Q 可以有不同口味調整嗎？

可以的。義式奶油霜變化很多唷，可依照喜好變化口味，例如加入可可粉、抹茶粉、焦糖醬、果醬等，加甚麼就變甚麼口味，也可以有各種天然的顏色。若想要讓色澤更鮮豔，也可加上少許食用色素調整。

杏仁奶油餡

材料

奶油 40 公克
糖粉 40 公克
杏仁粉 50 公克
蛋液 25 公克

作法

1　奶油事先回復至室溫；糖粉預先過篩，避免結塊。

2　奶油加入過篩糖粉，一起拌打成乳霜狀。

3　加入打散的蛋液，利用打蛋器攪拌至看不見蛋液。

4　加入杏仁粉攪拌均勻至麵糊光滑無粉狀就完成了。

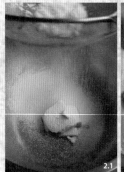
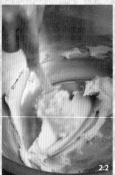

2.1　　2.2　　3.1　　3.2　　4

杏仁奶油餡的運用

- 用途：塔類夾餡
- 冷藏 5 天、冷凍 2 週
- 杏仁奶油餡可以説是塔類的神秘嘉賓！關鍵是真材實料，食材裡有大量的杏仁粉來提升整個塔的層次，堅果香氣低調不搶戲，所有水果他都能陪襯！可以添加各種果醬在中間烘烤，為水果塔增添不同風味。

不用再大排長龍人擠人地去朝聖，
在家也能吃到最時尚的下午茶，
彩虹千層、富士山蛋糕、抹茶生乳捲、
彩虹乳酪蛋糕……等
「喀擦！喀擦！」立馬放上IG和朋友分享，
讓甜點控少女心大爆發的超萌甜點。

PART 02

排隊名店
的超人氣甜點

邊吃蛋糕邊想像
正看著富士山上的皚皚白雪，
真的是好美啊！

富士山磅蛋糕

烤箱預熱 | 上火 180℃、下火 180℃   **烘烤時間** | 35~45 分鐘   **成品數量** | 約 1 個

材料

無鹽奶油 112 公克

砂糖 100 公克

鹽 1/4 小匙

雞蛋 2 顆

泡打粉 6 公克

低筋麵粉 170 公克

牛奶 125 公克

香草精 1 大匙

萊姆酒 1 大匙

食用色素：藍、紅、綠
各適量

特殊烤模：鹿背蛋糕模

作法

1　將烤模刷上一層薄薄的奶油避免沾黏。

2　撒上麵粉左右搖晃使其平均沾上麵粉。

3　敲掉多餘的麵粉。

4　材料各自秤量好。

5　無鹽奶油放置室溫，切成小塊 (回覆室溫至手指壓按有指痕即可 . 勿太軟！)；烤箱先預熱至 180℃；擠花袋放到馬克杯子中備用。

6　低筋麵粉、泡打粉均過篩至鋼盆中。

7　將步驟 5 切好的奶油放入鋼盆中，加入砂糖、鹽用電動攪拌機打發 (此時奶油呈現鵝黃色)。

8　打發過程中要不時用刮刀刮下鍋邊奶油放回攪拌漿上。

9　奶油呈現白色時，加入雞蛋攪拌至完全被吸收（雞蛋要一顆一顆放）。

10　再加入牛奶、香草精、萊姆酒至鋼盆中攪拌均勻。

11　將麵粉倒入鋼盆，改用刮刀大塊拌勻。

12　取大約 70 公克的麵糊放入擠花袋。

13　將麵糊平均擠到烤模中。

14　取少量的色素，加入剩下麵糊中。

15　大塊攪拌均勻後，將麵糊倒入模具中。

16　進烤箱烤約 35 分鐘，出爐前可用牙籤插入中心，若沒有沾粘即可出爐，連模放涼。

17　出爐後，利用保鮮膜封住蛋糕（以保持蛋糕濕度），放涼至手可以摸的程度。。

18　完全放涼後，將富士山的山頭切除後再脫模，每一塊都切成喜歡的厚度即可。

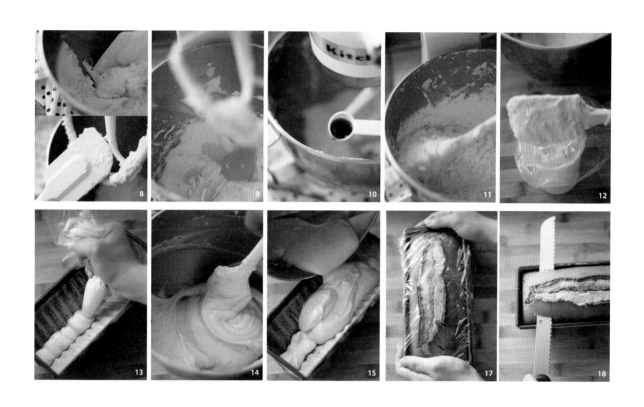

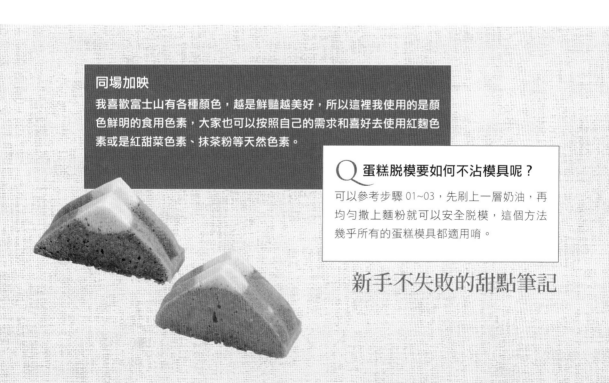

同場加映

我喜歡富士山有各種顏色，越是鮮豔越美好，所以這裡我使用的是顏色鮮明的食用色素，大家也可以按照自己的需求和喜好去使用紅麴色素或是紅甜菜色素、抹茶粉等天然色素。

Q 蛋糕脫模要如何不沾模具呢？

可以參考步驟 01~03，先刷上一層奶油，再均勻撒上麵粉就可以安全脫模，這個方法幾乎所有的蛋糕模具都適用唷。

新手不失敗的甜點筆記

這款皇家巧克力磅蛋糕
表面烤得酥脆裡面濕潤鬆軟
一打開來滿是巧克力的濃郁香氣

皇家巧克力磅蛋糕

烤箱預熱｜ 180℃　　**烘烤時間｜** 45~50 分鐘　　**成品數量｜** 1 個

材料

無鹽奶油 112 公克
砂糖 100 公克
鹽 1/4 茶匙
雞蛋 2 顆
泡打粉 6 公克
低筋麵粉 160 公克
可可粉 10 公克
（另取少許的可可粉用於模具）
牛奶 125 公克
香草精 1 大匙
萊姆酒 1 大匙
70% 苦甜巧克力 50 公克
榛果醬 30 公克
烤熟榛果 30 公克

巧克力奶酥材料

無鹽奶油 15 公克
砂糖 15 公克
杏仁粉 15 公克
低筋麵粉 10 公克
可可粉 5 公克
可可巴芮小脆片 10 公克

作法

巧克力奶酥

1　將砂糖、低筋麵粉、杏仁粉、可可粉放入鍋中稍微拌勻。

2　放入奶油，用刮刀將其拌勻。

3　加入可可巴芮小脆片拌勻成糰、備用。

巧克力奶酥

蛋糕

1　將所有材料分別秤量好；烤箱先預熱；無鹽奶油回溫至室溫、切小塊 (按壓有指痕即可，勿太軟！)

2　可以利用烤箱預熱的時間將榛果 180℃先烤 5 分鐘，確認烤熟、上色。

3　將苦甜巧克力隔水加熱至融化；牛奶、香草精、萊姆酒放一起拌勻。

4　烤熟榛果後切成大碎片，留一部分裝飾用。

5　烤模刷上奶油，倒入少許可可粉將其沾滿 (亦可用低筋麵粉替代)。

6　將奶油放入鋼盆中，加入砂糖、鹽打發，此時奶油呈現鵝黃色。

7　拌打過程中要不時用刮刀刮下鍋邊奶油，整理到攪拌器上。

8 打到奶油呈現白色時，拌入榛果與巧克力醬、榛果醬，再利用攪拌機拌勻。

9 雞蛋一顆一顆放入，攪拌至完全被吸收。

10 低筋麵粉、泡打粉、可可粉一起過篩至鍋中。

11 略為攪拌後再倒入牛奶、過篩後麵粉。

12 麵糊打到呈現光滑狀態看不見麵粉時，再拌入榛果碎。

13 麵糊均勻倒入烤模中，鋪上事先製作好的巧克力奶酥。

14 撒上預留的榛果碎，然後放進烤箱烤約 45 分鐘。

15 出爐後放涼即可。

吃起來酸酸甜甜的，
彷彿是法國媽媽的情人，
值得回味再三。

檸檬磅蛋糕

烤箱預熱｜ 180℃　　烘烤時間｜ 40~50 分鐘　　成品數量｜ 1 個

材料

無鹽奶油 112 公克
砂糖 100g
鹽 1/4 小匙
雞蛋 2 顆
泡打粉 6 公克
低筋麵粉 170 公克
牛奶 125 公克
新鮮檸檬汁 1 顆
檸檬皮適量
香草精 1 大匙
萊姆酒 1 大匙

檸檬糖霜材料
糖粉 80 公克
檸檬汁 1 大匙
檸檬皮適量

作法

1　將所有材料分別秤量好；無鹽奶油回溫至室溫、切小塊（按壓有指痕即可，勿太軟！）。

2　【裁切烤盤紙】：烤盤底下鋪張比烤盤大一點的烘焙紙，四周邊邊各直剪一刀。

3　將烘焙紙往內折，烤模鋪上裁切好的烘焙紙。

4　烤箱預熱 180℃；將奶油放入鋼盆，加入砂糖、鹽，用電動攪拌機打發，此時奶油呈現鵝黃色。

5　攪拌過程中需不時刮下鍋邊奶油，整理到攪拌器上。

6　打至奶油呈現白色時，刨進適量檸檬皮，再加入雞蛋攪拌至完全被吸收（雞蛋要一顆一顆放入）。

7　將檸檬切一半，利用叉子榨出檸檬汁。

8 　將檸檬汁（只留 1 大匙後面用）、香草精、萊姆酒加入鋼盆中利用打蛋器攪拌均勻。

9 　將低筋麵粉、泡打粉混勻，先將三分之一過篩至鍋中。

10 利用打蛋器大略攪拌後，再倒入牛奶大致攪拌，再重複篩入麵粉，重複攪拌至拌勻。

11 大致均勻後，改用刮刀大塊攪拌。

12 取一些麵糊抹在烘焙紙和模具中間，固定黏著烘焙紙。

13 將麵糊平均倒入烤模中，進烤箱 180℃，烤 45 分鐘。

14 將檸檬糖霜材料中的檸檬皮刨入糖粉中，稍微用手搓勻，再加入 1 大匙檸檬汁，攪拌均勻成檸檬糖霜備用。

15 出爐後，利用烘焙紙將蛋糕拉起，撕掉烘焙紙，移至網架上放涼。

16 趁蛋糕有點溫溫沒有完全涼透時，淋上步驟 14 的檸檬糖霜即可。

新手不失敗的甜點筆記

Q 為什麼吃起來有點點微苦？

削入檸檬皮時要注意只取綠色皮部分，不要削到白色的膜，才不會帶有苦味。

同場加映

長條蛋糕的禮物包裝

製作這兩款磅蛋糕過程就像女人化妝，基礎保養、打底、修容、定妝。我從食材開始準備、烘烤、裝飾、包裝，過程讓人感到被療癒，感覺一路為自己帶來幸福。只用簡單的烘焙紙，或是買麵包或咖啡時留下的包裝牛皮紙袋包起來，帶去朋友家當成伴手禮，更多了一份手作的溫度和心意。

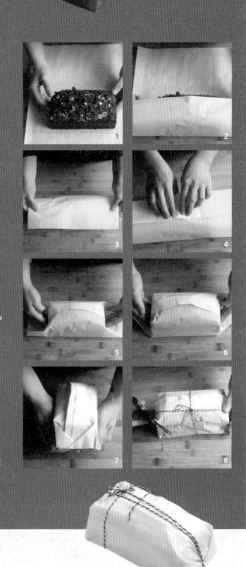

作法

1. 將烘焙紙鋪在磅蛋糕底下。
2. 前端大概摺到蛋糕的一半。
3. 將底端烘焙只往前收。
4. 將多餘的紙往回摺數次，摺出條紋狀。
5. 順著邊兩將烘焙紙順整齊，再往蛋糕底部收緊。
6. 將兩邊往裡摺。
7. 將多餘的紙往下收齊。
8. 利用棉線打個蝴蝶結綁起來固定即可。

· 如果不是馬上要送出去，那就可以先在外層再包一層保鮮膜，再放進夾店鏈袋裡，冷凍保存兩週。一定要多一層夾鏈袋唷，才能確保蛋糕不會吸收冰箱其他的味道。
· 沒有馬上吃的話可以先冷凍，冷凍更能使蛋糕保持新鮮，冷藏會使蛋糕容易乾燥。

百分百完美午茶時光，

薄餅、香草、鮮奶油的美味組合。

不需要烤箱就能完成的經典甜點。

一只平底鍋，幾顆雞蛋，一些麵粉，

一點點糖加上滿出來的愛，

搭啦～完成！

彩虹千層蛋糕

不用烤箱做甜點　　成品數量｜ 24~30 片

材料

薄餅材料 A

奶油 60 公克

麵粉 350 公克

砂糖 100 公克

鹽 1/4 茶匙

雞蛋 4 顆

牛奶 670ml

食用色素：紅、橙、黃、綠、藍、紫各少許

夾餡材料 B

動物性鮮奶油 500 公克

細砂糖 50 公克

萊姆酒 1 大匙

香草精 1 大匙

作法

餅皮麵糊

1　奶油和牛奶均放置至室溫；將所有材料分別秤量好。

2　麵粉過篩後，和糖、鹽倒入同一個鍋中稍微拌勻。

3　雞蛋拌勻。

4　再倒入步驟 2 的麵粉中充分拌勻。

5　牛奶分多次倒入麵糊中拌勻 (牛奶回溫到室溫麵糊才不容易結塊)。

6　將奶油分兩次加入麵糊攪拌均勻

餅皮麵糊

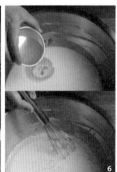

7 將麵糊過篩。

8 用保鮮膜完全貼著麵糊表面封好。

9 再封一層保鮮膜冷藏 30 分鐘，能隔夜更好（可以利用這時間做內餡）。

10 取出麵糊，用打蛋器將麵糊充分拌勻。

11 將麵糊分成 6 份，每份約 230 克，分別另用色膏調出顏色。

12 平底鍋熱鍋後不加油。

13 倒入一大杓（約 70 ～ 75ml) 麵糊，快速轉動平底鍋，讓麵糊均勻散成薄餅。

14 麵糊煎至邊緣有翹起來時，翻面再煎熟即可取出，將煎熟薄餅放涼。

內餡製作

1　動物性鮮奶油、細砂糖放在鋼盆中，用打蛋器用低速打至7分發(稍微成形)。

2　倒入萊姆酒、香草精稍微拌勻。打至8分發，拉起時尾端會稍微挺立，冷藏備用。

3　內餡可以做很多變化，也能夾香緹鮮奶油(作法參考P.014)；也可以夾卡士達鮮奶油(參考P.017)，還可以在鮮奶油內餡上自己加以做變化唷，像是加入果醬，或是可可粉、抹茶粉等增加豐富顏色及口感，很有趣吧？！

層層堆疊

1　在蛋皮和蛋皮，每一層與層之間，塗抹上誘人的鮮奶油內餡，一層層堆疊上去，至於千層要幾層，可以隨意唷。

2　撒上糖粉更美味，不過如果不喜歡太甜的，也可以省略這個步驟。

新手不失敗的甜點筆記

Q 為什麼麵糊需要過篩？

麵糊過篩過才能讓麵糊沒有顆粒，也讓麵糊更細緻。

Q 鮮奶油餡要如何不會分層？

分層是因為溫度太高導致油水分離，若是室溫過高的話，鋼盆底部可以加上冰塊稍微冷卻，用低速慢慢打發，才不容易油水分離。

一層一層堆疊薄餅、香草、鮮奶油，美味組合百分百完美的午茶時光。

千層蛋糕

不用烤箱做甜點　　成品數量｜ 24~30 片

材料

薄餅材料 A

奶油 60 公克
麵粉 350 公克
砂糖 100 公克
鹽 1/4 茶匙
雞蛋 4 顆
牛奶 670ml

夾餡材料 B

動物性鮮奶油 300ml
細砂糖 30 公克
萊姆酒 1 大匙
香草精 1 大匙

作法

餅皮麵糊

1　奶油和牛奶均放置至室溫；將所有材料分別秤量好。

2　麵粉過篩後,和糖、鹽倒入同一個鍋中稍微拌勻。

3　雞蛋拌勻再倒入步驟 2 的麵粉中充分拌勻。

4　牛奶分多次倒入麵糊中拌勻 (牛奶回溫到室溫麵糊才不容易結塊)。

5　將奶油分兩次加入麵糊攪拌均勻

餅皮麵糊

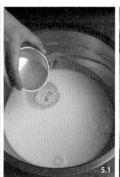

6 用保鮮膜完全貼著麵糊表面封好。

7 再封一層保鮮膜冷藏 30 分鐘，能隔夜更好 (可以利用這時間做內餡)。

8 取出麵糊，用打蛋器將麵糊充分拌勻。

9 平底鍋熱鍋後不加油。

10 倒入一大杓 (約 70 ～ 75ml) 麵糊，快速轉動平底鍋，讓麵糊均勻散成薄餅。

11 麵糊煎至邊緣有翹起來時，翻面再煎熟即可取出，將煎熟薄餅對折放涼 (對折稍厚較容易拿取)。

內餡製作

1　動物性鮮奶油、細砂糖放在鋼盆中，用打蛋器用低速打至 7 分發 (稍微成形)。

2　倒入萊姆酒、香草精稍微拌勻。打至 8 分發，拉起時尾端會稍微挺立，冷藏備用。

3　內餡可以做很多變化，也能夾香緹鮮奶油 (作法參考 P.014)；也可以夾卡士達鮮奶油 (參考 P.017)，還可以在鮮奶油內餡上自己加以做變化唷，像是加入果醬，或是可可粉、抹茶粉等。

層層堆疊

1　在蛋皮和蛋皮，每一層與層之間，塗抹上誘人的鮮奶油內餡，一層層堆疊上去，至於千層要幾層，可以隨意。

2　撒上糖粉更美味，不過如果不喜歡太甜的，也可以省略這個步驟。

新手不失敗的甜點筆記

Q 千層蛋糕的內餡可以替換嗎？

可以的，試試將看夾餡換成卡士達鮮奶油，也同樣非常搭配喔！

Q 千層蛋糕的不失敗小技巧？

千層蛋糕其實製作相當容易，但要注意煎餅時需要有耐心！如果想快一點或是偷點懶，可以加入新鮮的軟性水果，就可以很快速增加厚度，同時也增添不同風味。

不用烘焙！不用烤箱！
只要有冰箱就可以了！
還在觀望烘焙的你，
讓起司蛋糕來擔任你的
第一道手作甜點吧！

少女心生乳酪蛋糕

不用烤箱做甜點　　成品數量│6 吋蛋糕 1 個

材料

乳酪內餡 A

奶油乳酪 200 公克

細砂糖 50 公克

吉利丁片 6 公克

動物性鮮奶油 70 公克

牛奶 30ml

原味優格 130 公克

慕斯蛋糕模 1 只

食用色素：

紅、橘、綠、藍各少許

餅乾底 B

自製奶油餅乾 100 公克

（作法參考 P.058）

無鹽奶油 30 公克

作法

餅乾底製作

1　將餅乾敲碎。

2　把融化的奶油倒入攪拌均勻。

3　在慕斯蛋糕模底部包覆一層保鮮膜。

4　將拌好的餅乾放入模中，用湯匙壓實，冷藏備用。

餅乾底製作

乳酪內餡製作

1 奶油乳酪和牛奶均放置至室溫；將所有材料分別秤量好。

2 吉利丁片每一片分開，放入冰水中浸泡至軟化。

3 動物性鮮奶油與牛奶倒入鍋中煮至稍滾。

4 將泡軟的吉利丁片撈起來，多餘水份擠乾，放入步驟 3 煮沸的鍋中攪拌均勻備用。

5 奶油乳酪回溫切成小塊，加入砂糖一起攪拌成乳霜狀。

6 再將原味優格及動物性鮮奶油加入攪拌均勻，乳酪餡重量約480 公克

7 將完成的乳酪餡分別秤重、染色，80 公克染紅色，100 公克染橘色，100 公克染綠色，100 公克染藍色，留 100 公克白色。

8 將染好的乳酪餡依序從中間倒入蛋糕模中，順序是白→藍→綠→橘→紅。

9 放入冰箱冷藏四小時以上。

10 脫模時用吹風機先將周圍稍微加熱，(不可吹太久喔!)。

11 將蛋糕放在馬克杯上，模具往下脫離，就可以取出蛋糕了。

乳酪內餡製作

Q 餅乾一定要自己做嗎？

這裡我是使用我自己做的奶油餅乾（作法請參考 P.058），我覺得味道比較搭。
如果要簡便一些，可以使用市售餅乾，像是消化餅或是酥餅類都很適合。

Q 怎樣才能讓顏色漸層漂亮？

祕訣是要將麵糊由正中心點一氣呵成倒入，不要怕，一次倒入便能完美呈現喔！

Q 倒入時上面有泡泡怎麼辦？

首先在麵糊調色時就要避免太大力，會將空氣打入麵糊而形成泡泡，入模前輕
敲，可以將麵糊中的泡泡敲破，如果倒入後還有泡泡，可以用牙籤小心刺破。

新手不失敗的甜點筆記

甜而不膩的抹茶捲，
讓抹茶控驚豔！

抹茶蛋糕捲

烤箱預熱｜ 上火 160~180℃、下火 160℃　　**烘烤時間｜** 25 分鐘　　**成品數量｜** 1 個

材料

蛋黃糊 A

植物油 40 公克

蛋黃 3 個

全蛋 1 個

鹽巴 1/4 茶匙

牛奶 55ml

低筋麵粉 45 公克

抹茶粉 10 公克

蛋白糊 A

蛋白 3 個

塔塔粉 1/4 茶匙

（可用檸檬汁代替）

細砂糖 40g

鮮奶油夾餡

動物性鮮奶油 250 公克

細砂糖 25 公克

抹茶粉 10 公克

香草精 1 茶匙

萊姆酒 1 大匙

熱水 1 茶匙

作法

裁切烤盤紙

1　烤盤底下鋪張比烤盤大一點的烘焙紙，往內往烤盤押出痕跡。邊角橫剪一刀。

2　將烘焙紙四邊往內折。

3　在烤盤上鋪裁切好的烘焙紙。

蛋黃糊

1　將油加熱至約 50℃，有紋路出現。

2　倒入過篩後的麵粉，攪拌均勻至無顆粒。

3　加入牛奶、萊姆酒、香草精攪拌均勻。

4　再將蛋黃以及全蛋分次加入拌勻，攪拌時要不時用刮刀整理鍋邊。

裁切烤盤紙

蛋白麵糊

1　蛋白糊的蛋白先打出一些泡沫，然後加入塔塔粉及細砂糖分2次加入，打至蛋白狀態呈現成尾端挺立，為乾性發泡。

2　將1/3份量的蛋白糊混入蛋黃糊中，先用打蛋器稍微拌勻，再用刮刀切拌的方式攪拌均勻，刮刀不時整理鍋邊麵糊。

3　再將拌勻的麵糊倒回蛋白鍋中混合，同樣先用打蛋器稍微拌勻，再用刮刀切拌的方式攪拌均勻。

4　將完成攪拌的麵糊，倒入烤盤中後用刮刀整平，在桌上輕敲幾下敲出較大的氣泡。

5　放進烤箱烘烤。上火180℃/下火160℃烤10分鐘，再改為上火160℃/下火160℃烤15分鐘。

6　出爐前確認已上色，用手輕輕摸有點彈性後即可出爐，馬上移到桌上並將四周烤紙撕開，蓋上乾淨烘焙紙，翻面放涼備用。

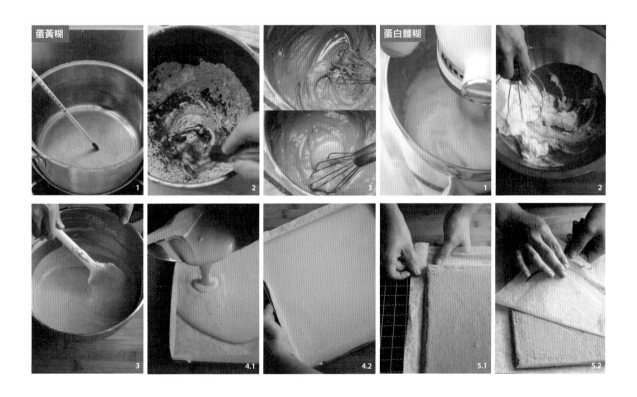

鮮奶油夾餡

1 抹茶粉加 1 茶匙熱水拌勻後備用。

2 將動物性鮮奶油、細砂糖一起放在鋼盆中。用打蛋器低速打至 7 分發，至微稠程度。

3 加入香草精、萊姆酒攪拌均勻為鮮奶油餡。取出 100 公克鮮奶油餡與步驟 1 的抹茶拌勻。

4 剩下的鮮奶油餡繼續打至 9 分發，有尖嘴狀即可，冷藏備用。

捲蛋糕

1 在蛋糕體上先倒入鮮奶油餡 150 公克均勻塗抹上，塗抹的技巧是由內往外抹。再將抹茶奶油餡平均抹在前端。

2 拉起白報紙，利用桿麵棍將報紙先往上提，再往前捲起成柱狀 (要一氣呵成)。將邊邊收緊，冷藏 4 小時定型即可。

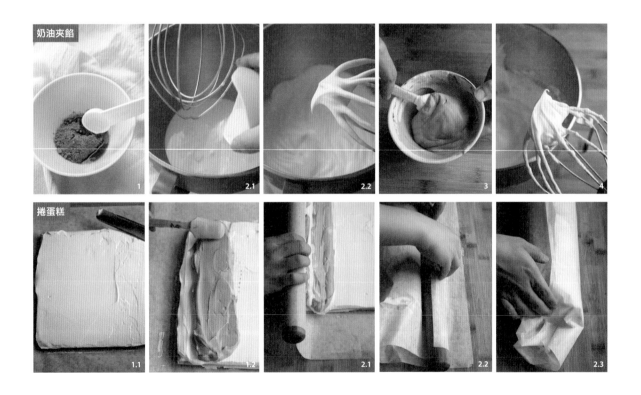

新手不失敗的甜點筆記

Q 要怎樣才不會捲失敗呢？

重點在於捲的過程要一氣呵成，才能捲得漂亮，捲至最後收緊時可以利用刮刀輕輕收緊，不要太用力，過度的用力兩側的奶油會擠出來喔。

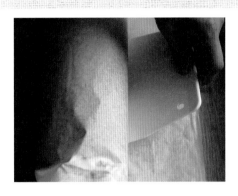

Q 為什麼抹茶鮮奶油內餡變得過乾？

那是因為鮮奶油打過發，當蛋糕內餡的抹茶鮮奶油通常打七分發就可以了，甚至再濕一點，約六分發也沒關係，大約是鮮奶油用攪拌器舀起還水水的狀態，如果打到九分發就不行喔！因為抹茶會吸附鮮奶油的油脂，你會發現拌入抹茶的鮮奶油會變得比較乾，太乾則會影響口感，也可能使其油水分離。

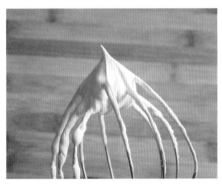

Q 要如何讓口感更好吃呢？

這款蛋糕捲是用【燙麵法】做的燙麵戚風，燙麵目的是讓麵粉經過加熱後糊化，使麵糊可以吸收更多水分，這麼一來整個蛋糕組織就會更柔軟，也不容易消泡，更容易成功。也可將麵糊用六吋蛋糕模烘烤，但記得不可以使用防沾烤模，烘烤溫度 170℃，烘烤時間：40~45 分鐘，

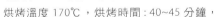

使用了當季的新鮮水果，讓口感更多了酸甜的層次！

水果蛋糕捲

烤箱預熱┃上火 160~180℃、下火 160℃　　烘烤時間┃25 分鐘　　成品數量┃1 個

材料

蛋黃糊 A

植物油 40 公克
蛋黃 3 個
全蛋 1 個
鹽巴 1/4 茶匙
牛奶 55 ml
低筋麵粉 55 公克

蛋白糊 B

蛋白 3 個
塔塔粉 1/4 茶匙 (亦可不加)
細砂糖 40 公克

水果奶油夾餡

動物性鮮奶油 250 公克
細砂糖 25 公克
香草精 1 茶匙
萊姆酒 1 大匙
草莓 5~6 顆
奇異果、柳橙各 1 顆
葡萄 5~6 顆
藍莓數顆

作法

裁切烤盤紙

(步驟請參考 P.050)

蛋黃糊

1　將油加熱至約 50℃，有紋路出現。

2　倒入過篩後的麵粉，攪拌均勻至無顆粒。

3　加入牛奶、萊姆酒、香草精攪拌均勻。

4　再將蛋黃以及全蛋分次加入拌勻，攪拌時要不時用刮刀整理鍋邊。

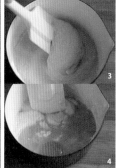

蛋白麵糊

1　蛋白糊的蛋白先打出一些泡沫，然後加入塔塔粉及細砂糖分 2 次加入，打至蛋白狀態呈現成尾端挺立，為乾性發泡。

2　將 1/3 份量的蛋白糊混入蛋黃糊中，先用打蛋器稍微拌勻，再用刮刀切拌的方式攪拌均勻，刮刀不時整理鍋邊麵糊。

3　再將拌勻的麵糊倒回蛋白鍋中混合，同樣先用打蛋器稍微拌勻，再用刮刀切拌的方式攪拌均勻。

4　將完成攪拌的麵糊，倒入烤盤中後用刮刀整平，在桌上輕敲幾下敲出較大的氣泡。

5　放進烤箱烘烤。上火 180℃ / 下火 160℃烤 10 分鐘。轉上火 160℃ / 下火 160℃再烤 15 分鐘。

6　出爐前確認已上色，用手輕輕摸有點彈性後即可出爐，馬上移到桌上並將四周烤紙撕開，蓋上乾淨烘焙紙，翻面放涼備用。

奶油夾餡

1　將動物性鮮奶油、細砂糖一起放在鋼盆中。

2　用打蛋器低速打至七分發，至微稠程度。

3　加入香草精、萊姆酒攪拌均勻。剩下的鮮奶油餡繼續打至九分發，有尖嘴狀即可，冷藏備用。

4　奇異果和柳橙去皮，柳橙去果核和籽後均切塊。

捲蛋糕

1　在蛋糕體上先倒入鮮奶油餡 200 公克均勻塗抹上，塗抹的技巧是由內往外抹。

2　先把水果丁直向排列在蛋糕體上，再抹上 100 公克鮮奶油餡。

3　拉起白報紙，利用桿麵棍將報紙先往上提，再往前捲起成柱狀 (要一氣呵成)。

4　將邊邊收緊，冷藏 4 小時定型即可。

新手不失敗的甜點筆記

Q 水果奶油內餡水水的怎麼辦？

打發鮮奶油其實是蛋糕捲的關鍵，一眼就可以看出製作是否成功。這裡使用的奶油內餡就是前面介紹的香緹鮮奶油，要打到呈現尖嘴狀不低落的狀態，如果還太稀就再拿打蛋器打硬一點。水果切片後也要記得用廚房紙巾擦乾，或是清洗後要晾乾再使用，以免水分讓鮮奶油變水水的。

自己做就完全不用擔心
有無添加人工調味料與防腐劑，
簡單樸實、濃郁奶油香氣，
酥脆口感、甜度適中甜度，
是女孩們無法抗拒的下午茶必備點心。

經典奶油餅乾

烤箱預熱 ｜ 上火 180℃ 、下火 180℃　　**烘烤時間** ｜ 13~15 分鐘　　**成品數量** ｜ 10~15 個

材料

奶油 100 公克
糖粉 50 公克
鹽巴適量
杏仁粉 30 公克
低筋麵粉 200 公克
蛋黃 1 顆

作法

1. 將所有材料分別秤量好：奶油回溫至室溫、切小塊 (按壓有指痕即可，勿太軟！) 。

2. 糖粉過篩至奶油鍋中，並加入鹽巴。

3. 用手持攪拌機將其攪打成乳霜狀。

4. 加入蛋黃攪拌均勻。

5. 利用刮刀將鍋邊麵糊整理至攪拌球上。

6. 低筋麵粉過篩，和杏仁粉一起放入攪拌鋼盆中。

 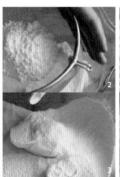 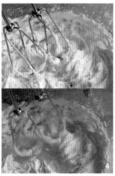  

7　用刮刀大塊攪拌至看不見粉類。

8　麵糰要攪拌至用手可以抓取成糰的程度。

9　把麵糰用保鮮膜包起來，冷藏 30 分鐘。

10　從冰箱取出後，保鮮膜不要撕，直接用桿麵棍將麵糰擀平。

11　可利用利用筷子放在兩旁輔助確認麵團高度，這樣餅乾厚薄才會一樣。

12　撕掉上層保鮮膜後就可以用喜歡的餅乾模模具進行壓模。

13　壓模後從上取出麵皮，放在烤盤上。

14　壓模後剩下的剩餘麵糰，可利用保鮮膜抓成糰。

15　掌心壓平重複擀平後再壓模，重複動作即可，這樣麵糰可以不浪費。

16　進烤箱烘烤 13 ～ 15 分鐘至餅乾上色就可以囉。

★ 手邊如果沒有杏仁粉，亦可將原杏仁粉配方改為 20 公克麵粉即可。

★ 將配方減少 10 公克麵粉，加入 10 公克無糖可可粉，即是巧克力口味的手工餅乾。

★ 在步驟 14 特別提到是抓成糰，不是去揉麵糰唷。搓揉過度的餅乾烤出來口感會硬硬的、不好吃喔。

★ 如果壓模取出餅乾時容易斷裂，可能是因為麵糰溫度太高，或是操作時間過長，這個時候只要將擀平的麵糰放進冰箱冷藏一會兒，再繼續操作即可。

同場加映

奇亞籽杏仁餅

經典的手工餅乾本來就很好吃，再加入杏仁片更增添香氣，奇亞籽則是多了意外趣味的口感，豐富的層次很特別，讓人忍不住一口接一口。

材料：
奶油 100 公克、糖粉 50 公克、鹽巴適量、杏仁粉 30 公克、低筋麵粉 200 公克、杏仁片 30 公克、奇亞籽 1 大匙、蛋黃 1 顆

作法：
1. 麵糰步驟同經典奶油餅乾 1~8，只要在步驟 8 時加入杏仁片和奇亞籽。
2. 麵糰用保鮮膜包起來，冷藏 30 分鐘
3. 從冰箱拿出來，保鮮膜不要撕，直接用將麵糰擀平，一樣可以利用筷子放在兩旁輔助高度，這樣餅乾厚薄就會一樣。
4. 撕掉上層保鮮膜，用餅乾模具壓模。
5. 手放保鮮膜底層，將麵皮往上取出，放在烤盤上，剩下的麵糰一樣可重複擀平後再壓模。
6. 進烤箱用上、下火 180℃烘烤 13~15 分鐘就可以囉。

在喜歡的各種口味餅乾上

用糖霜來畫畫，

任意畫上心裡最愛的圖案。

糖霜餅乾圓舞曲

烤箱預熱 | 上火 180℃、下火 180℃　　**烘烤時間** | 13~15 分鐘　　**成品數量** | 10~15 個

材料

糖粉 2 杯
蛋白粉 1.5 匙
水 3 大匙
檸檬汁 1 茶匙
鹽巴 1/4 匙

作法

1. 將糖粉與蛋白粉一起過篩至鋼盆。

2. 依序加入鹽巴、檸檬汁與水。

3. 利用平攪拌槳先開慢速打至糖霜成糰，完全看不到糖粉時再轉高速攪拌，這時候糖霜狀態是，用手可以摸得到顆粒，顏色呈現霧霧白色。

4. 不時用刮刀將鍋邊糖霜整理到鍋內，若太乾可分次加 1/4 匙水慢慢調整。

5. 繼續高速攪打至糖霜呈現白色，提起不會滴落即為硬性糖霜，這時候糖霜狀態是用手摸不到顆粒，顏色是漂亮的白色，捏起來有一點黏性。

硬性糖霜

糖霜調軟硬度

1 完成的【硬性糖霜】狀態非常硬，不能直接使用，刮刀拉起來不會有尖尾比較粗糙，太硬的糖霜不易操作，拉線容易斷。

2 用小湯匙將水一滴滴加入，調整成可以用來畫細節、寫字的【硬性糖霜】，這時糖霜狀態拉起來很容易有尖尾，不會垂落。

3 再繼續用小湯匙將水一滴滴加入至糖霜調整為【濕性糖霜】，這時糖霜狀態比較沒有線條，看起來滑滑順順，這狀態的糖霜用來畫外框剛剛好。

4 接下來是加水再調整更濕一點，作為可用來打底的【濕性糖霜】，這時糖霜狀態靜置 30 秒就會攤平。

糖霜調色

1 利用牙籤沾取喜歡的顏色放入糖霜中攪拌均勻。

2 將調整好的糖霜，倒入三明治袋後順出空氣，打好結減掉多餘袋子，一旁備用。

064

糖霜的保存方式

1　將多餘糖霜倒入保鮮膜確實順出空氣，包起來冷藏保存約可放一週。

2　已經剪孔的糖霜尖端，一定要放塊濕手帕或濕紙巾保持濕潤，因為尖端容易乾燥，沒有保濕糖霜會擠不出來喔。

新手不失敗的甜點筆記

Q 畫完餅乾後要如何快速乾燥呢？

烤箱上火開 50℃，烘烤 15~20 分鐘就可以快速乾燥。

Q 畫糖霜成功的祕訣？

打出適合糖霜的軟硬度是一個很重要的環節，多畫幾次就能好好認識糖霜，確認自己想要呈現的樣子來調整糖霜的濕度，用正確的水分調糖霜，正確狀態的糖霜，呈現出來的作品才會漂亮。

1

水玉點點

材料

硬性糖霜：
白色、紅色
濕性糖霜：
粉藍色、粉紅色、白色
餅乾數片

作法

1　利用濕性糖霜黏性輕輕拉起，慢慢圍著餅乾邊緣圍成一圈。

2　再貼著周邊將整個餅乾塗滿濕性糖霜，方法是用手指拿起餅乾輕輕搖勻糖霜，使其更快平均攤平。

3　在糖霜還沒乾的時候，從中心點開始，定量交錯的平均用硬性糖霜擠出點點，餅乾才會呈現平面的狀態。

4　烤箱開上火 50℃，烘烤 15 ～ 20 分鐘，待表面看起來霧面，輕壓不會凹陷時就是乾燥好了。

5　可以依喜好再加上紅色小愛心等，讓圖案更有層次感。

華麗徽章

材料

濕性糖霜：粉藍
硬性糖霜：白
餅乾數片

作法

1 將餅乾外圍留一圈空隙，中間填滿粉藍濕性糖霜，待乾燥。

2 用白色硬性糖霜在圈圈左右畫出水滴，將外圍框住。

3 中間再蓋上一圈粉藍濕性糖霜，待乾燥。

4 用白色硬性糖霜左右畫出水滴將內圈的外圍框住。

5 中間寫上自己想要的字母。

新手不失敗的甜點筆記
• 盡可能將水滴大小畫出一致，成品才會漂亮喔。
• 第一層要完全乾燥才可以疊上第二層，不然會不易乾燥喔。

3

夏日蕾絲

材料

濕性糖霜：粉藍
硬性糖霜：白
餅乾數片

作法

1　將餅乾整個填滿粉藍濕性糖霜，利用牙籤將糖霜整形後待乾燥。

2　用硬性白色糖霜在四個點畫出三瓣空心瓣。

3　空隙畫上兩瓣空心瓣。

4　四周用波浪蕾絲包圍。

5　空隙畫上實心愛心。

6　再依喜好加上實心點點。

7　最後用藍色點綴。

4

愛情鳥

材料

濕性糖霜:白、
粉紅
硬性糖霜:白、
粉紅、紅
餅乾數片

作法

1 餅乾先舖上粉色的糖霜為底,再用濕性糖霜疊上白色雙層蛋糕。

2 劃出兩鳥頭,再畫身體。

3 用白色硬性糖霜在蛋糕上描出兩層點點。

4 蛋糕下描出單層點點,畫出蕾絲。

5 用紅色、粉色糖霜畫出愛心、鳥眼睛與
草寫「love」。

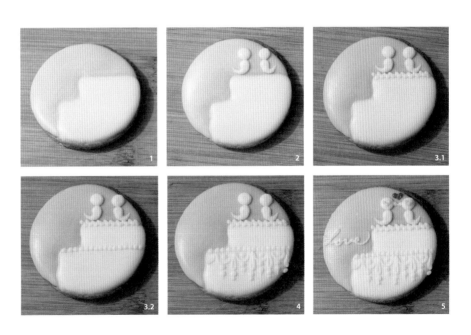

5

鑽石戒指

材料

硬性糖霜：
白色、粉色
濕性糖霜：
白色、粉色
餅乾數片

作法

1. 分別用粉色和白色硬性糖霜將戒指輪框出來。

2. 用粉色濕性糖霜將鑽石的部分填滿，
   待表層乾燥再將白色戒圍部分填滿。

3. 粉色硬性糖霜將鑽石八心八箭框出。

4. 白色糖霜平均拉出花紋。

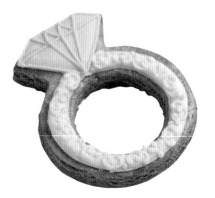

6

香水瓶

材料

硬性糖霜：
白色、粉藍色
濕性糖霜：
白色、粉藍色
色膏：金色、銀色
餅乾數片

作法

1　用白色硬性糖霜將香水瓶輪廓框出來。

2　濕性糖霜分層將顏色填滿，待表面乾燥才能填下個色喔。

3　利用牙籤將糖霜順齊。

4.　用硬性糖霜將瓶蓋輪廓框出來。

5.　白色硬性糖霜對角對齊，將細節勾出來。

6　中間寫上想要的英文字母一筆一畫慢慢草寫，待乾燥。

7　用刷筆沾色膏將細節及字母分別刷上顏色。

7

愛情蕾絲

材料

硬性糖霜：
白色、粉紅色、紅色
濕性糖霜：
白色、粉紅色
餅乾數片

作法

1　先用粉色硬性糖霜將輪廓框起來。

2　中間填滿粉色濕性糖霜後等待完全乾燥。

3　上面用白色硬性糖霜隨意畫上蕾絲，我會選擇畫在右邊或是左邊的角落，留一點空白讓蕾絲更有質感。

4　蛋糕下描出單層點點，畫出蕾絲。

4.1　4.2　4.3　4.2

新手不失敗的甜點筆記
· 只要將花紋彎度練習好，就能慢慢變化出不一樣的感覺。
· 英文字母看似草寫，但其實是一筆一劃慢慢寫出草寫的樣子！
· 其實沒上色膏的餅乾就已經很美，上色更多了層次，另外也可以直接刷上色粉，也是另一種美喔。

白淨蕾絲

材料

濕性糖霜：白色
硬性糖霜：白色
銀色色膏
亮色粉
餅乾數片

作法

1　將餅乾外圍留一圈空隙，中間填滿白色濕性糖霜。再利用牙籤攪平糖霜。

2　四點用白色硬性糖霜平均畫出三辦花紋。

3　隨意補上單辦花紋。

4　空隙補上皺褶花邊。

5　四點對稱平均畫出三辦或二辦花紋。

6　寫上草寫 happy wedding，在單辦花紋處畫上點點。

7　利用彩筆補沾取色粉，先在桌上去除多餘色粉，再刷在餅乾上。

8　利用彩筆補沾取銀色色膏，刷在字母上。

香草燕麥
杯子蛋糕

南瓜
杯子蛋糕

脆脆杏仁
杯子蛋糕

杯子蛋糕可以裝飾成各種模樣，
討喜又美味，是店裡面訂製的常備款。

香草黎麥杯子蛋糕

烤箱預熱 | 180℃　　烘烤時間 | 14 分鐘　　成品數量 | 可做 9 個杯子蛋糕　　隔水加熱法

材料

細砂糖 90 公克
雞蛋 3 顆（必須室溫）
鹽巴 1/4 茶匙
低筋麵粉 90 公克
植物油 20 公克
黎麥 1 大匙

作法

1　將所有材料分別秤量好；杯子蛋糕模排列好。

2　將雞蛋打入攪拌鋼盆中，加入糖、鹽拌勻。

3　將攪拌鋼盆隔水加熱至 37℃，用手觸摸比體溫稍高一點點即可。過程必須不斷攪拌。

4　將攪拌機開到最高速，將麵糊打發至麵糊狀態成淺米黃色，有清楚摺痕。

5　加入黎麥稍微攪拌，大約 2 秒即可。

6　將攪拌機速度開到最低，麵粉分次加入拌勻。

7　換成手拿鋼球輕輕拌勻，殘留有一點點麵粉顆粒沒關係。

8　取出少量麵糊，加入植物油的碗中拌勻，再倒回麵糊鍋攪拌均勻。

9　將麵糊利用冰淇淋勺挖入烤模，烘烤 14 分鐘；出爐時利用牙籤戳看看蛋糕中心，若沒有沾麵糊就是熟了。

新手不失敗的甜點筆記
‧若不喜歡黎麥口感，也可以打成粉加在麵粉裡一起過篩。

1

南瓜杯子蛋糕

烤箱預熱 | 180℃
烘烤時間 | 14 分鐘
成品數量 | 9 個
直接打發法

材料

細砂糖 90 公克
雞蛋 3 顆 (必須室溫)
鹽巴 1/4 茶匙
低筋麵粉 90 公克
植物油 20 公克
蒸熟南瓜泥 30 公克

作法

1　將所有材料分別秤量好；低筋麵粉過篩；杯子蛋糕模排列好。

2　將雞蛋打入攪拌鋼盆中，加入糖、鹽拌勻。

3　將攪拌機開到最高速，將麵糊打發至麵糊狀態成淺米黃色，有清楚摺痕。

4　將攪拌機速度開到最低，麵粉分次加入，用刮刀大塊攪拌至看不到麵粉。

5　南瓜泥和植物油先拌勻，再取出少量麵糊攪拌。

6　再倒回步驟 4 的麵糊鍋中攪拌均勻。

7　將麵糊利用冰淇淋勺挖入烤模，烘烤 14 分鐘。

8　出爐時利用牙籤戳看看蛋糕中心，若沒有沾麵糊就是熟了。

脆脆杏仁杯子蛋糕

烤箱預熱｜ 180℃
烘烤時間｜ 14 分鐘
成品數量｜ 9 個
直接打發法

材料

細砂糖 90 公克
雞蛋 3 顆（必須室溫）
鹽巴 1/4 茶匙
低筋麵粉 90 公克
植物油 20 公克
杏仁角適量

作法

1. 將所有材料分別秤量好；低筋麵粉過篩；杯子蛋糕模排列好。

2. 將雞蛋打入攪拌鋼盆中，加入糖、鹽拌勻。

3. 將攪拌機開到最高速，將麵糊打發至麵糊狀態成淺米黃色，有清楚摺痕。

4. 將攪拌機速度開到最低，麵粉分次加入，用刮刀大塊攪拌至看不到麵粉。

5. 取出少量麵糊，加入植物油的碗中拌勻。

6. 倒回麵糊鍋，加入杏仁角一起攪拌均勻。

7. 將麵糊利用冰淇淋勺挖入烤模撒上杏仁片，烘烤 14 分鐘。

8. 出爐時利用牙籤戳看看蛋糕中心，若沒有沾麵糊就是熟了。

讓杯子蛋糕和藝術相遇

杯子蛋糕的運用很廣泛,不管是加上奶油、水果還是餅乾,都是另
外一種組合,運用聖誕節、生日或是各種場合都很合宜。

材料

六爪花嘴 sn7082 1 只
三明治袋子 1 只
彩珠適量
義式奶油霜適量
(作法請參考 P.018)
杯子蛋糕數個
糖霜餅乾數片

作法

1 將花嘴放入三明治袋中。轉一圈塞進花嘴

3 利用手指虎口固定袋子,裝入義式奶油霜,盡量避免
　裝入空氣。

4 將奶油推順到前端。

5 順時鐘將奶油擠上杯子蛋糕。

6 可撒上彩珠裝飾,最後再放上喜歡的餅乾或水果即可。

1　2.1　2.2　3.1　3.2

可愛又討喜的貓肉球人氣最夯，加到熱咖啡裡面，好看又好味。

貓肉球棉花糖

材料

細砂糖 125 公克
西點轉化糖漿 90 公克
水 40 公克
吉利丁片 9 公克
食用色素：紅色少許

作法

1　將玉米粉灑厚厚的一層在馬卡龍烘焙墊上。

2　將吉利丁片在冰水裡泡軟，擰乾備用。

3　將花嘴裝入擠花袋，在前端剪好小孔，轉一圈壓實，放在杯子裡備用。

4　將轉化糖漿小火煮至 118℃，將吉利丁加入攪拌均勻。

5　換鍋子高速打發，打到濃稠狀態。

6　將一小部分取出，利用牙籤沾取紅色色素染成粉紅色麵糊。

7　其餘的麵糊裝入擠花袋。

8 先將白色圓形擠出來，手勢定點不動，花嘴離烤盤一公分擠
出厚厚的白底。

9 粉紅色麵糊先在白色貓掌上擠小愛心，再擠上四個點點。

10 灑上玉米粉，在常溫等四小時或隔天。確認凝固後，利用篩
網或刷子去除多餘的玉米粉即完成。

新手不失敗的甜點筆記

★ 麵糊一定要溫溫的擠喔，若是溫度太低就不容易擠成型！

★ 不失敗的祕訣在於，煮糖溫度一定要到118℃，麵糊也一定要確實打濃稠，貓掌擠出來才會有立
體的效果，若打得不夠濃稠雖然一樣可以吃，只是貓掌掌會變成平面圖唷！

★ 沒有用花嘴也一樣可以做，一樣放到擠花袋中，下面剪一個孔，只要注意孔不要剪太大就可以了。

PART 03

大人味的
塔和派

塔與派到底要怎麼分別？

在法國，塔與派之間的區別主要是在於麵糰層次。

塔皮麵糰具有餅乾的酥脆口感，

通常是用擀壓或手推入模；

而派皮麵糰則是重複擀折，具有酥鬆層次感。

但其實我認為烘焙可以充滿個人的巧思和創意，

做出自己喜愛的甜點就好，

並不一定要拘泥於兩者間的差別。

在塔皮上灑各種各色的當令水果，
除了等待著即將飄出的香氣和美味，
也用豐盛的視覺饗宴討好了自己。

繽紛水果塔

烤箱預熱 | 175℃　　烘烤時間 | 10~15 分鐘　　成品數量 | 可做 2 個六吋或 1 個八吋的甜塔

材料

塔皮材料 A

低筋麵粉 130 公克
無鹽奶油 65 公克
糖粉 35 公克
蛋黃 1 顆
鹽 1 小搓

水果塔材料 B

杏仁奶油餡約 100 公克
（作法請參考 P.020）
卡士達醬約 150 克
（作法請參考 P.016）
草莓、藍莓、葡萄各數顆
奇異果、柳橙各 1 顆
葡萄柚 1/2 顆
香蕉適量

作法

塔皮

1　將所有材料分別秤量好；奶油切成小塊，均備用。

2　將麵粉過篩後與鹽巴放入鍋中，再放入奶油塊。

3　用手將奶油塊與麵粉搓揉成糰。

4　用手掌搓揉至看不見奶油塊，動作要快，完成時麵糰必須維持冰冷狀態。

5　加入蛋黃。利用木匙或刮刀將蛋黃輕輕和粉拌勻。(※ 蘋果塔用的奇亞籽杏仁片，在此步驟加入奇亞籽 1 匙、杏仁片 1 小把)

6　用手抓成一糰，記得不要揉喔。

7　在桌上將麵糰壓成光滑狀。

8　將麵糰正反兩面都用保鮮膜包好，壓平、冷藏 30 分鐘，可趁此時去做卡士達醬或拌炒內餡。

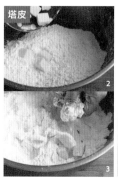

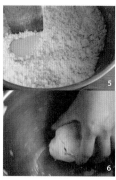

9　將保鮮膜攤平，麵皮擀至適當厚度，約 0.5cm。

10　確認麵皮要比塔模大。

11　撕掉一面保鮮膜後把麵糰蓋上塔模，然後輕輕壓實。

12　再撕掉上層保鮮膜。用桿麵棍擀掉多餘麵糰。

13　用叉子均勻搓洞。蓋上烘焙紙，倒入黑豆進烤箱 (此為盲烤)10 ～ 15 分鐘。

14　取出烤盤紙和黑豆，刷上薄薄蛋液後再進烤箱烤 10 分鐘。

水果塔

1　事先備好一張烘烤完成的塔皮。將杏仁奶油餡填入塔皮中並烘烤完成。

2　柳橙、葡萄柚、奇異果、香蕉均去皮，葡萄、草莓均對半切、果肉切丁備用。

3　將卡士達奶油填入塔皮。（也可以填入卡士達鮮奶油）

4　平均鋪上所有水果，將水果疊上去即完成。

法式蘋果塔

（作法請詳見 P.086）

（作法請詳見 P.020）

材料

塔皮 1 個
（作法請詳見 P.086）
杏仁奶油餡 50 公克
（作法請詳見 P.020）

蘋果醬材料 A
蘋果 1 顆
奶油 10 公克
砂糖 20 公克
（可依個人口味調整甜度）
鹽巴 1 小搓
檸檬皮、蜂蜜、肉桂粉
各適量

蜂蜜蘋果片材料 B
蘋果 3 顆
蜂蜜適量
冰飲用水 1 盆

作法

蘋果醬

1　事先將蘋果去皮切丁；鍋中放入奶油加熱後，加入蘋果丁。

2　依序加入砂糖、鹽巴、蜂蜜、肉桂粉拌炒。

3　此時蘋果醬會慢慢出水，顏色變得比較白。

4　小火收汁至顏色較深時即可離火，刨入檸檬皮。

5　放涼備用。

蘋果醬

蜂蜜蘋果片

1　將蜂蜜加入水中拌勻備用。

2　蘋果對切後去核。

3　用刨刀直接刨入蜂蜜水中。

4　靜置 20 分鐘，瀝乾後備用。

蘋果塔組合

1　事先備好烘烤完成的塔皮。

2　將杏仁奶油餡填入塔皮，烘烤完成後放涼。

3　將蘋果醬填入塔中。

4　由外圍開始鋪上蘋果片，利用牙籤調整位置。

5　排列技巧是排的更密一些，每片都要稍微錯開。

6　順著層層堆疊到最內圈，最後在中間捲一片當花蕊即可。

Q 何謂盲烤？為什麼要放入豆類？

所謂的盲烤就是先單烤塔皮，再填入餡料回烤，或是直接出爐置入餡料後不烘烤。盲烤是為了防止單烤塔皮時，因為空氣而讓塔皮澎起變型，所以先做預烤至 7-8 分熟。至於放重石或是豆類是因為怕塔皮變形。

Q 為什麼所有食材都必須是冰的呢？

冰的麵糰可以提升塔皮酥脆度。所以麵糰要盡快在冰涼時操作，時間太久就很容易粘在桌上，或是移動時分裂。

Q 為什麼麵糰不能揉呢？

過度揉捏會讓麵糰過度出筋，成品會縮，而且影響口感，變得過硬而且不酥脆。

Q 為什麼塔皮要刷上蛋液？

蛋液會在塔皮上產生薄膜，就算直接填入較為濕潤的夾餡，也不會如此快就失去口感。

Q 水果塔的水果要如何選擇？

水果選擇很多，除了依據季節及自己喜好做調整外，挑選水果時記得將顏色考量進去，比如：芒果、柳橙二選一，因為相同色系雖然同樣美味，但這樣就少了層次。

Q 甜塔的塔皮可以做變化嗎？

可以的。可以加入堅果或是穀類增加變化，在甜塔製作步驟 5 加入蛋黃時，可多加入 1 大匙奇亞籽和 1 小把杏仁片，就成了奇亞籽杏仁甜塔皮，在蘋果塔的製作裡我就使用了這款塔皮，以豐富蘋果塔的口感和香氣。

★ 若沒有要馬上食用，建議刷上鏡面果膠，蘋果派看起來會更亮更好看，也可以防止氧化。

★ 使用奇亞籽杏仁片塔皮是因為蘋果醬的風味比較清淡，多加了杏仁片可以增加香氣。

★ 蘋果浸漬蜂蜜也是為了防止蘋果氧化變色，也增加香味，如果蘋果片直接泡鹽水，雖然也可以防止變色，但其實我不建議喔！因為蘋果會多了鹹味。

雖然覺得冬天好冷，但還是好期待草莓產季，香香甜甜的……有一種幸福和甜蜜的味道！

經典草莓塔

材料

奇亞籽塔皮 1 個
（作法請詳 P.086）
杏仁奶油餡 100 公克
（作法請詳 P.020）
覆盆子果醬 30 公克
卡士達醬 150 公克
（作法請詳見 P.016）
草莓數顆

作法

1　草莓去蒂頭、對半切。

2　將一半的杏仁奶油餡先填入塔皮。

3　再填入覆盆子果醬抹勻。

4　再蓋上另一半杏仁奶油餡。

5　放進烤箱烘烤完成，脫模放涼。

6　將卡士達醬填入塔皮。

7　從外圍開始堆疊草莓。

Q　內餡只用杏仁奶油餡，不加果醬可以嗎？

當然可以，口味中規中矩，樸實好吃！但我認為你一定要試試看這款填入覆盆莓的派，肯定會驚為天人。這裡用的果醬是在烘焙材料店買的小包裝，不是甚麼特別厲害難買的食材。剩下的果醬就拿來運用在蛋糕、馬卡龍、吐司抹醬都可以，一點也不浪費。

新手不失敗的甜點筆記

鹹派的發源地就是美食之都法國，所以我們大多會稱為法式鹹塔（派），混合了起司和蛋液的香氣，讓人食指大動！

法式鹹塔——
煙燻香腸鹹塔

烤箱預熱┃ 180 ℃　　**烘烤時間┃** 25~30 分鐘

成品數量┃ 1 個八吋

材料

鹹塔塔皮材料 A

中筋麵粉 200 公克

無鹽奶油 100 公克

杏仁片適量

蛋黃 1 顆

鹽 1 小搓

奶蛋液材料 B

雞蛋 3 顆

牛奶 270 公克

鹽 1 小匙

黑胡椒適量

鹹料材料 C

炸酸豆少許

洋蔥 1/4 顆

紅甜椒 1/2 顆

黃甜椒 1/2 顆

玉米筍適量

花椰菜 1/4 顆

德國香腸 2 條

墨西哥辣椒少許

黑胡椒少許

鹽巴少許

起司絲適量

鹹塔塔皮

1. 將所有材料分別秤量好；奶油切成小塊，均備用；所有食材需要維持冷藏溫度。

2. 將麵粉過篩後與鹽巴放入鍋中，再放入奶油塊。

3. 用手將奶油塊與麵粉搓揉成糰。

4. 加入蛋黃。

5. 加入杏仁片用手抓成糰。

6. 將麵糰壓成光滑狀。

7. 麵糰兩面用保鮮膜包好，壓平後冷藏 30 分鐘。

8. 保鮮膜攤平後將麵皮擀至適當厚度。

9. 確認麵皮比塔模大。

10. 撕掉一面保鮮膜。

11. 沒有保鮮膜的那一面蓋上塔模，將麵皮輕輕壓實。

12. 撕掉另一層保鮮膜。

13. 蓋上烘焙紙、倒入黑豆進烤箱，盲烤 15~20 分鐘。

14. 取出黑豆，刷上薄薄蛋液，再放進烤箱約 10 分鐘，成品呈現金黃色。

奶蛋液

1. 牛奶、雞蛋、鹽、黑胡椒所有食材一起混勻，就是奶蛋液備用。

炸酸豆

1. 鍋中加入多一點橄欖油加熱，放入酸豆微炸，炸至像爆米花一樣就可以了，瀝油後備用。

鹹塔塔皮

奶蛋液

炸酸豆

鹹料拌炒

1 香腸、紅黃甜椒、香腸、玉米筍、花椰菜均切小塊；洋蔥切條；
  墨西哥辣椒切碎，均備用。

2 花椰菜用滾水燙過，水滾後加入少許鹽巴、沙拉油、白醋，
  將花椰菜清燙 1 分鐘即可撈起、瀝乾。

3 熱油鍋，加入洋蔥、墨西哥辣椒炒出香氣。

4 加入所有食材拌炒，撒上黑胡椒及少許鹽巴調味。

5 起鍋，冷卻備用。

鹹塔組合

1 將烤箱預熱至 180℃。

2 冷卻好的內餡平均鋪在塔皮裡，再倒入奶蛋液。

3 鋪上起司絲，再撒上炸酸豆。

4 烘烤 25 ～ 30 分鐘，至表面呈現金黃色即可。

Q 為什麼酸豆需要油炸呢？

酸豆最常見的用法是和義大利麵一起拌炒或拌入沙拉中。將酸豆拿去炸，酸味會完全揮發，變成鹹鹹脆脆的。這個訣竅學起來，你的拿手料理就會多了豐富的層次感，變成你的宴客好菜。

Q 鹹塔有哪些必要的食材？可以替換嗎？

鹹塔和鹹蛋糕在製作上使用的食材其實差不多。作法以及材料都可以自行多加變化，自由變化出喜歡的味道，材料組合上不用完全一樣，可以使用手邊的食材替代，把冰箱裡需要消耗的蔬菜拿來做也是很棒的方式。

我的鹹塔搭配基本原則是【色、香、味】：
色：搭配紅、黃、綠色，顏色也能促進食欲呢！
香：墨西哥辣椒是小祕訣，少了它就像炒菜沒加蒜唷！
味：德國香腸這個經典香味組合是必要的。

鹹塔的故事

鹹塔的法文：Quiche，最早是起源自於德國，後來在法國被流傳，廣為人知，又稱為洛林鄉村鹹派、洛林鹹派，因最有名的法式鹹塔是在法國洛林省的地方餐點。

基本組成有四個：塔皮、牛奶蛋液、內餡和起司，派皮通常會先經盲烤，內餡通常是以煙燻培根條 (lardon) 作為主要食材，再加入熟煮的碎肉、蔬菜或起司等，也可以隨個人喜好變化菜餚，在法國，每個家庭的媽媽幾乎都會製作法式鹹塔，也都自由運用冰箱裡的隨手食材，在烘烤前倒入蛋液添香。依照各地風俗或習慣不同，法式鹹派可當作早餐、午餐或晚餐。

鹹塔以往在台灣的常見度較低，但是也是有為數不少的愛好和追隨者深深熱愛這種法國的家庭美食。

秋風吹起涼涼微風時，
烤一顆粗曠的鹹塔，
再來一杯白酒，
人生，有甚麼過不去？！

法式鹹塔─栗子野菇

烤箱預熱 | 180℃   **烘烤時間** | 25~30 分鐘   **成品數量** | 18 公分深型派模

材料

鹹塔塔皮 1 個
（作法參考 P.095）

奶蛋液材料料 A
雞蛋 4 顆
牛奶 360 公克
鹽 1 小匙
黑胡椒適量

鹹料材料 B
豬肉絲 150 公克
市售熟栗子 20 公克
綜合菇 300 公克（杏鮑菇、
鴻喜菇、雪白菇、香菇，
可依喜好調指整）
大蒜碎少許
洋蔥 1/4 顆
黑胡椒、鹽巴各少許
起司絲、芥末籽醬各適量
（可依喜好調指整）

作法

鹹料製作

1 將所有材料分別秤量好；栗子去殼、洋蔥切絲、菇類切小塊，
均備用。

2 豬肉絲灑點鹽巴、黑胡椒、米酒、玉米粉抓勻醃漬備用。

3 熱鍋後加入洋蔥、蒜碎、豬肉，稍微拌炒。把所有菇類及栗
子捏碎一起加入，撒入黑胡椒及少許鹽巴調味。

4 稍微拌炒後蓋上鍋蓋，等菇類燜熟，再開蓋收汁。

5 起鍋前加入芥末籽醬調味，起鍋冷卻後備用。

奶蛋液

1 牛奶、雞蛋、鹽、黑胡椒所有食材一起混勻，就是奶蛋液備用。

鹹塔組合

1 烤箱先預熱；將冷卻好的內餡平均鋪在塔皮裡，再倒入奶蛋液、
鋪上起司絲。烘烤 25 ～ 30 分鐘至表面呈現金黃色澤即可。

我超愛吃四季豆的，這道鹹塔完全是個人私心喜愛。

法式鹹塔 — 起司嫩雞

烤箱預熱｜180℃　　烘烤時間｜25~30分鐘　　成品數量｜1個

材料

鹹塔塔皮1個
（作法請參考P095）
基礎奶蛋液
（作法請參考P095)

鹹料材料A

雞腿1支
玉米筍1盒（約8-10小根）
四季豆約200公克
蒜碎少許
洋蔥1/4顆
黑胡椒、鹽巴各少許
起司絲適量

作法

鹹料製作

1 雞腿灑點鹽巴、黑胡椒，抓點米酒醃漬、去腥。

2 洋蔥切絲；玉米筍、四季豆均切小塊，均備用。

4 熱鍋，將雞腿兩面煎至金黃色，取出放涼，去骨後雞肉剁小塊，備用。

5 加入洋蔥、蒜碎，拌炒出香氣。

6 加入所有食材拌炒，加入黑胡椒及少許鹽巴調味。

7 倒入雞肉稍微拌炒至熟，起鍋，冷卻備用。

鹹塔組合

1 烤箱先預熱；將冷卻好的內餡平均鋪在塔皮裡，再倒入奶蛋液、鋪上起司絲。烘烤25~30分鐘至表面呈現金黃色澤即可。

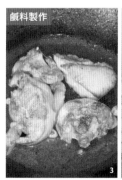

新手不失敗的甜點筆記
· 因為還會進烤箱烘烤，所以食材沒有炒至熟透也沒關係。
· 一般在鹹塔都是使用蘆筍居多，但是我不喜歡蘆筍，就調整成四季豆，大家也快來試試吧！

PART 04

經典
法式甜點

一去到巴黎就想著要偷學著
巴黎女人如何優雅的吃、浪漫的生活，
法國人對於甜點相當狂熱，
經典甜點流傳著迷人的故事。
但其實這些傳統甜品並沒有過於繁複的作法工序，
就像是最日常的經典美味，
也像是法國雋永的歷史和景色。

馬卡龍之所以吸引烘焙魂，
也許就是因為它不好掌控，
而大家都喜歡挑戰。

馬卡龍

烤箱預熱 | 上火 130℃、下火 120℃　　**烘烤時間** | 20 分鐘　　**成品數量** | 約 40 個

材料

蛋白霜材料 A
純糖粉 130 公克
杏仁粉 130 公克
鹽巴 1/4 茶匙

蛋白霜材料 B
蛋白 110 公克
砂糖 180 公克
鹽巴 1/4 茶匙

夾餡
義式奶油霜適量
(作法請參考 P.018)
卡士達慕斯適量
(作法請參考 P.017)
圓形花嘴 sn7066

作法

1　材料 B 的砂糖，加入鹽巴拌勻。

2　材料 A 的杏仁粉與純糖粉拌在一起，備用。

3　準備好一只乾淨的蛋白鍋，鍋內切記不能有水和油，這點非常重要喔，再將雞蛋的蛋白與蛋黃分開，蛋白放入鍋中。

4　將花嘴放入擠花袋，在前端用剪刀剪一個口、備用。

5　將步驟 3 的蛋白鍋裡加入步驟 1 拌好的糖，隔水加熱至 45℃，攪拌至溶解。

6　若是沒有溫度計也可以依照蛋白稠度判斷。
　　A) 未加熱蛋白拉起來質地較稠，顏色較透明。
　　B) 加熱至 45℃的蛋白拉起來較稀，顏色變白色。

7 高速攪拌至蛋白拉起來成尖尖鳥嘴狀 (使用桌上型攪拌機約 10 分鐘,手持攪拌機約 15 分鐘)。

8 拌打蛋白的這 10 分鐘可以把步驟 2 的杏仁粉過篩,用手輕壓輔助,篩網不能選太細。

9 將步驟 8 篩過的杏仁粉與糖,一次倒入步驟 7 的蛋白鍋中,大塊切拌至看不到粉類,此時麵糊較為粗糙不易滴落。

10 可以把麵糊分鍋,分別加入喜愛的顏色。

11 壓拌麵糊成光滑狀,拉起來要滑不滑的狀態就是拌好了。

12 先在烤盤放上 4 公分圓形底紙,再鋪上烘焙紙;將各色麵糊裝入擠花袋,定點擠出圓型。

13 抽掉下面圓形底紙。

14 輕拍烤盤底,將泡泡拍出來,麵糊也更圓整。

15 此時麵糊摸起來呈現光滑狀且黏手。

16　麵糊靜置的同時，先預熱烤箱。

17　麵糊靜置 15 ～ 30 分鐘後，應是呈現霧面不黏手。

18　放進烤箱烤 11 分鐘；再關上火開小縫隙，繼續烤 9 分鐘。

19　出爐前輕搖確認是否會晃動，若是會，就再燜 1 分鐘後再次
　　確認。

20　放涼後將馬卡龍對對看，將同樣大小的放在一起，夾餡才會
　　漂亮。內餡可以使用卡士達慕斯或義式奶油霜。

新手不失敗的甜點筆記

Q 馬卡龍為什麼這麼容易製作失敗？

馬卡龍與蛋糕不同，蛋糕只有一、兩個步驟需要特別謹慎，馬卡龍則是每個步驟都必須謹慎，才能做得成功。

【常見問題 ❶】等待表層變乾的時間特別久？

① 製作當天如果是雨天或是陰天，因為環境比較潮濕，那打發蛋白的步驟可以多打 1 分鐘，為了將蛋白打乾一些，等表層乾的步驟就不會太久，但是，這麼一來麵糊會比較乾，壓拌的步驟就要耐心多拌幾下，確認麵糊攪拌至光滑。② 亦可能是壓拌的過程拌太久，導致麵糊消泡太濕。

【常見問題 ❷】成品出現點油漬點點

① 可能是過篩杏仁粉的篩網太細，太細的篩網會卡住杏仁粉，這麼一來你就會使勁地壓，大力壓杏仁粉會使其出油，烤出來的杏仁餅皮就會出現點點，那是杏仁粉的油脂。② 若是烤箱溫度太高也可能使成品出油。

【常見問題 ❸】馬卡龍沒有美麗裙邊

① 你有沒有偷偷減糖呀？蕾絲裙來自於糖滾熱膨脹，減糖會影響成品的成形。② 表面乾燥要確實，若麵糊的表面不夠乾燥就送進烤箱也可能沒有裙邊。③ 烤箱設定溫度不對，溫度太低使麵糊沒有膨脹力，④ 壓拌的過程拌太久，除了乾燥較慢之外，也可能導致成品沒有裙邊。

【常見問題 ❹】烤出的成品總是歪一邊

可能是烤箱爐火不均勻，試試在 7 分鐘的時候，確認馬卡龍們已經有裙邊，打開烤箱將烤盤轉向試試，過程動作要快，小心別被烤盤燙到！

【常見問題 ❺】成品上色過黑

可能是烤箱溫度太高，可將上火調低 5~10 度試試看。

1

一起去巴黎

想去巴黎，想念巴黎，想念馬卡龍、艾菲爾鐵塔、香檳…
我的 Macarons 充滿著滿滿回憶。

材料

馬卡龍：白色、
粉色、灰色數個
硬式糖霜：黑色
白色、粉色、粉藍
亮粉、金色亮光液體

作法

艾菲爾鐵塔

1　用畫筆摘取亮粉，在馬卡龍上打底。

2　用黑色硬式糖霜拉出底下線條，打好底才能抓出整體比例。

3　再畫鐵塔上層線條，上層較短。

4　接著順著 A 字畫出塔的兩邊及頂端。

5　在塔的裡面中間描繪出 X 以及線條。

香檳及冰桶

1 用黑色硬式糖霜在馬卡龍中間先畫上一條圓弧線。

2 下面再接著畫上一條小一點的圓弧

3 兩邊畫上冰桶兩側。

4 順著兩邊畫出酒瓶的瓶身及標籤、瓶蓋等小細節就完成了。

香檳杯

1 用黑色硬式糖霜在馬卡龍上畫出兩個杯子的主要線條。

2 利用粉、藍、白糖霜畫出小愛心。

3 用畫筆摘取金色亮光的液體，在杯中填入顏色。

2

馬卡龍塗鴉

用最快速最簡單的方式，用圓形馬卡龍來優雅的上色，
在家也可以當彩繪大師。

材料

馬卡龍：
白色、灰色
色 膏：
紅、黃、藍
伏特加、金色亮光
液體色素、銀色亮
光液體色素

作法

印象派馬卡龍

1 將三種顏色的色膏取一些放盤子上，並加上一點伏特加，用色筆混和調色。

2 利用色筆摘取色膏，刷在馬卡龍上。依序是黃→紅→藍。

3 按照自己喜歡的去著色，畫下一顆的順序也可以是：紅→黃→金。

馬卡龍的故事

大家都誤以為馬卡龍式法式甜點，其實它是起源於義大利，只是在法國被發揚光大，據說這種點心在 8 世紀時出現在義大利，大多是高級的宴客或是宴會時會被運用。馬卡龍 Macaroon（法文）名稱也是源於義大利文 maccarone；起源傳說在四百年前，中世紀時期在一間義大利修道院裡，有位修女為了製作出能替代葷食的甜點，就想出了用杏仁粉製做出一種小圓餅，餅皮酥脆但內餡卻鬆甜可口，這就是馬卡龍最早的版本。

作法

高雅馬卡龍

1 將金色亮光液體、銀色亮光液體倒出一點點在盤子上。

2 用色筆直接沾取亮光液，刷在灰色馬卡龍上。

3 金色、銀色兩色交錯圖繪就可以了。

新手不失敗的甜點筆記

Q 馬卡龍只有一種作法嗎？

常見的馬卡龍蛋白霜有兩種：義式蛋白霜、法式蛋白霜

【法式蛋白霜】操作方法最簡單，但是在等麵糊乾這個步驟很讓人傷腦筋，台灣天氣太潮濕，所以等上一個鐘頭可能都還沒完全變乾。

【義式蛋白霜】最大的難度也是等麵糊乾這個步驟，如果遇上好天氣還算快，但若是遇上陰天或雨天，同樣很讓人傷腦筋。

【瑞式蛋白霜】瑞式蛋白霜就是這本書的做法！想要做馬卡龍者可以試試看，麵糊比較容易乾且易塑形，就算是潮濕的天氣，30 分鐘內同樣可以完成乾燥。

· 色筆只能拿來畫食物，沾過水彩顏料的不能用喔。一隻色筆只用來沾取一個顏色，顏色才會單純且漂亮。

· 沾取顏色時若太濕，可以用面紙吸掉一些水分較好彩繪。

· 不要用開水去調色膏，因為伏特加很快就會蒸發，若是用水則容易讓馬卡龍表面太濕。

· 彩繪的顏色可依自己喜好加以調整。

療癒系動物獨角獸，
可愛的模樣深受大小朋友喜歡，
利用大小花嘴將獨角獸模樣擠出來，
再用色筆上色，簡單可愛。

獨角獸造型馬卡龍

烤箱預熱 ┃ 上火 130℃、下火 120℃ 　　**烘烤時間** ┃ 20 分鐘 　　**成品數量** ┃ 約 40 個

材料

色膏：橘、藍、綠、紅、紫
金色亮光液體色素、金色
食用色粉
伏特加少許
卡士達醬
(作法請參考 P.016)

蛋白霜材料 A
純糖粉 130 公克
杏仁粉 130 公克
鹽巴 1/4 茶匙

蛋白霜材料 B
蛋白 110 公克
砂糖 180 公克
鹽巴 1/4 茶匙

大圓形花嘴 sn7066
小圓形花嘴 wilton 6

作法

1　材料 B 的砂糖，加入鹽巴拌勻。

2　材料 A 的杏仁粉與純糖粉拌在一起，備用。

3　準備好一只乾淨的蛋白鍋，鍋內切記不能有水和油，這點非常重要喔。再將雞蛋的蛋白與蛋黃分開，蛋白放入鍋中。

4　將花嘴放入擠花袋，在前端用剪刀剪一個口、備用。

5　將步驟 3 的蛋白鍋裡加入步驟 1 拌好的糖，隔水加熱至 45℃，攪拌至溶解。

6　若是沒有溫度計也可以依照蛋白稠度判斷。
　　A）未加熱蛋白拉起來質地較稠，顏色較透明。
　　B）加熱至 45℃的蛋白拉起來較稀，顏色變白色。

7　高速攪拌至蛋白拉起來成尖尖鳥嘴狀 (使用桌上型攪拌機約 10 分鐘，手持攪拌機約 15 分鐘)。

8　拌打蛋白的這 10 分鐘可以把步驟 2 的杏仁粉過篩，用手輕壓輔助，篩網不能選太細。

9　將步驟 8 篩過的杏仁粉與糖，一次倒入步驟 7 的蛋白鍋中，大塊切拌至看不到粉類，此時麵糊較為粗糙不易滴落，把麵糊放入大小花嘴擠花袋中。

10　在烘焙紙底下放事先準備畫好的獨角獸圖。

11　麵糊定點用大花嘴先擠出一團圓形。

12　再用小花嘴往上擠出獨角獸的角跟耳朵。

13　抽掉底層的畫紙。

14　輕拍烤盤底，將泡泡拍出來，麵糊也可以更平整。

15　麵糊靜置 15 ～ 30 分鐘後，應是呈現霧面不黏手。

16 放進烤箱烤11分鐘；再關上火開小縫隙，繼續烤9分鐘。

17 出爐前輕搖確認是否會晃動，若是會，就再燜1分鐘後再次確認。

18 沾取金色色液，刷在耳朵上，也在角上畫出線條。

19 將色膏放在盤子上並加一點伏特加，用色筆混和畫出毛流。

20 橘、藍、綠、紅、紫色依照順序由淺到深彩繪毛流，依喜好調整顏色。

21 乾燥後在表面再刷上薄薄金色色粉。

22 利用黑色食用色筆畫出眼睛睫毛。

23 利用色筆沾取粉色色粉，刷在兩側臉頰上。

24 內餡可以夾入適量的卡士達醬。

貓咪馬卡龍

烤箱預熱 | 上火 130℃、下火 120℃　　**烘烤時間** | 11 分鐘　　**成品數量** | 約 40 個

材料

卡士達醬適量
(作法請參考 P.106)
色膏：橘、藍、綠、紅、
紫、灰色
金色亮光液體色素、金色
食用色粉、伏特加少許
硬式糖霜：粉紅色適量
(作法請參考 P.063)

蛋白霜材料 A
純糖粉 130 公克
杏仁粉 130 公克
鹽巴 1/4 茶匙

蛋白霜材料 B
蛋白 110 公克
砂糖 180 公克
鹽巴 1/4 茶匙

大圓形花嘴 sn7066
小圓形花嘴 wilton 6

作法

1　材料 B 的砂糖，加入鹽巴拌勻。

2　材料 A 的杏仁粉與純糖粉拌在一起，備用。

3　準備好一只乾淨的蛋白鍋，鍋內切記不能有水和油，這點非常重要喔。再將雞蛋的蛋白與蛋黃分開，蛋白放入鍋中。

4　將花嘴放入擠花袋，在前端用剪刀剪一個口、備用。

5　將步驟 3 的蛋白鍋裡加入步驟 1 拌好的糖，隔水加熱至45℃，攪拌至溶解。

6　若是沒有溫度計也可以依照蛋白稠度判斷。
　　A) 未加熱蛋白拉起來質地較稠，顏色較透明。
　　B) 加熱至 45℃的蛋白拉起來較稀，顏色變白色。

7　高速攪拌至蛋白拉起來成尖尖鳥嘴狀 (使用桌上型攪拌機約 10 分鐘，手持攪拌機約 15 分鐘)。

8　拌打蛋白的這 10 分鐘可以把步驟 2 的杏仁粉過篩，用手輕壓輔助，篩網不能選太細。

9　將步驟 8 篩過的杏仁粉與糖，一次倒入步驟 7 的蛋白鍋中，大塊切拌至看不到粉類，此時麵糊較為粗糙不易滴落，把麵糊放入擠花袋中。取少部分的麵糊加色膏調成灰色麵糊。

10　在烘焙紙底下放事先準備畫好的貓咪圖，記得要是對秤的圖喔。

11　麵糊定點用大花嘴先擠出貓咪的身體和頭。再用小花嘴擠出耳朵。

12　再利用灰色麵糊擠出灰色背部斑點。

13　輕拍烤盤底，將泡泡拍出來，麵糊也可以更平整。

14　麵糊靜置 15 ～ 30 分鐘後，應是呈現霧面不黏手。

15　放進烤箱烤 11 分鐘；再關上火開小縫隙，繼續烤 9 分鐘。

16　出爐前輕搖確認是否會晃動，若是會，就再燜 1 分鐘後再次確認。

17　出爐後用粉紅糖霜畫出貓咪的蝴蝶結、項圈與緞帶、尾巴就完成了。

18　可以用不同顏色的色膏加一點點伏特加，用色筆隨自己喜好，畫出貓背部的毛流。

19　內餡可以夾入適量的卡士達醬。

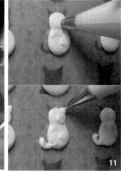
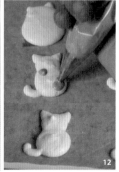

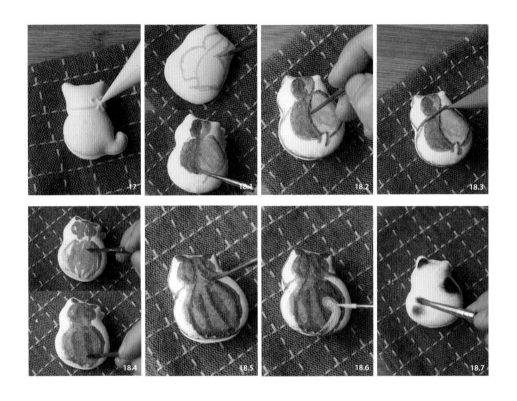

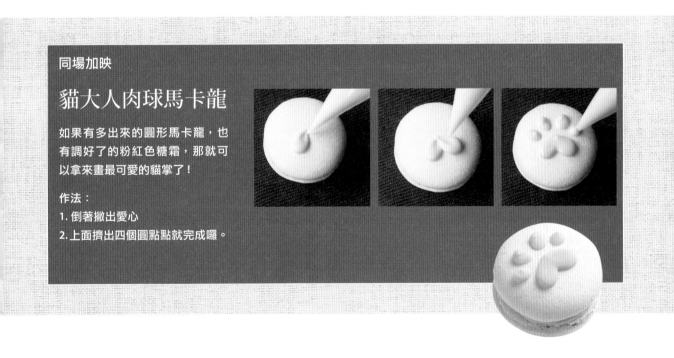

貓大人肉球馬卡龍

如果有多出來的圓形馬卡龍，也
有調好了的粉紅色糖霜，那就可
以拿來畫最可愛的貓掌了！

作法：
1. 倒著撇出愛心
2. 上面擠出四個圓點點就完成囉。

台灣下雪那天
你在做甚麼？
我在烤瑪德蓮

經典瑪德蓮

烤箱預熱 | 190℃　　烘烤時間 | 10 ～ 12 分　　成品數量 | 約 10 個

材料

無鹽奶油 50 公克

砂糖 30 公克

蜂蜜 15 公克

鹽 1/4 小匙

室溫雞蛋 1 顆

泡打粉 3 公克

低筋麵粉 50 公克

檸檬皮 1/2 顆

作法

1　低筋麵粉、泡打粉放入同一個鋼盆中。

2　無鹽奶油事先隔水加熱融化。

3　材料各自秤量好。

4　將雞蛋、糖、鹽放入同一鋼盆中，稍微攪拌均勻。

5　加入蜂蜜，攪拌至呈鵝黃色。

6　步驟 1 的粉類材料分次過篩加入、拌勻。

7　刨入檸檬皮。

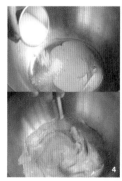

8 加入步驟 2 融化好的奶油，利用打蛋器輕輕拌勻。

9 將麵糊倒入三明治袋，確實封好口冷藏 30 分鐘（冰一晚更好）。

10 烤模薄刷一層奶油。

11 灑上些許高筋麵粉。

12 敲掉烤盤上多餘的麵粉。

13 平均擠上麵糊。

14 放入已經預熱過的烤箱中烤 10 ～ 12 分鐘即可出爐。

同場加映

瑪德蓮可以做成各種
口味，除了原味之外、
抹茶、巧克力等都很美味，
作法都一樣，只有配方不同。如果
是巧克力或是抹茶口味的，麵粉量
可以減少 5 公克，替換成巧克力粉
或是抹茶粉。

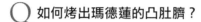

Q 如何烤出瑪德蓮的凸肚臍？

許多人都追求瑪德蓮能烤出完美的凸肚臍，除了配方比例
之外，若是能在入爐烘烤後 4～6 分鐘左右打開烤箱門 3~5
秒再立即關上，此時讓瑪德蓮麵糊的周圍已經凝固一層薄
皮，麵糊較厚的中央處，就很容易形成凸起。

Q 為什麼要隔夜烤？

A: 隔夜烤可以讓材料融合得更好，而冰冰的麵糊加上高溫
烘烤，凸肚臍更容易膨脹起來，所以隔夜吃會更好吃喔！
檸檬皮也可以換成柑橘皮，會有不一樣的香氣。

瑪德蓮的故事

十八世紀在法國國王路易十五，其妻子的女侍
瑪德蓮，因為宮廷御廚突然罷工，急中生智在
一場宴席中用自家母親的配方製作出小點心，
獲得洛林公爵的讚賞。才使得這種默默無名的
家常小蛋糕得以聲名大噪，自此名為瑪德蓮蛋
糕（Madeleine de Commercy）。後來
隨著國王帶此貝殼蛋糕探望女兒
瑪麗皇后，讓這貝殼型的小蛋
糕由凡爾賽宮一路流傳到巴
黎。

新手不失敗的甜點筆記

可麗露是天使的鈴鐺，
噹噹噹！噹噹噹！
腦中好像已經響起了幸福的聲音。

可麗露

烤箱預熱｜｜上火 220℃、下火 210℃　　**烘烤時間｜** 65 分鐘　　**成品數量｜** 8 個

材料

無鹽奶油 30 公克

砂糖 150 公克

全蛋 1 顆

蛋黃 1 顆

低筋麵粉 60 公克

牛奶 300 公克

香草精 1 茶匙

萊姆酒 1 茶匙

作法

1　利用刷子將可麗露模內層均勻抹上軟化的奶油，再將模具冷藏備。

2　將全蛋與蛋黃放在攪拌缸內，加入砂糖攪拌均勻 (記得不可以打發喔)。

3　麵粉過篩後倒入步驟 2 的鍋中，攪拌至看不到粉類。

4　一邊將牛奶與奶油加熱至 65℃，溫度不能太高。

5　將加熱好的牛奶慢慢加入步驟 3 的麵糊鍋中，一邊不停攪拌至均勻。

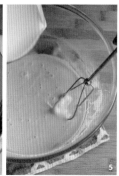

127

6　加入香草精及萊姆酒也拌勻。

7　將麵糊過篩至量杯中，將保鮮膜平貼在麵糊表面，放入冷藏一天。

8　隔天。先將烤箱預熱至 220℃，預熱的同時也取出讓麵糊回復室溫。

9　利用打蛋器將麵糊充分攪拌均。

10　入模倒約 9 分滿。

11　放進烤箱，上火 220℃ / 下火 210℃，烤約 15 分鐘，還沒上色之前，不可以打開烤箱偷看喔。

12　上下火轉至 190℃，繼續烤 50 分鐘至顏色上色就可以了。

Q 倒扣出來若是顏色不夠怎麼辦？

可以再重複進烤箱烤至上色即可。

Q 隔兩天再吃時如果已經不脆口怎麼辦？

再放進烤箱回烤後放涼即可。

Q 也可以用蜂蠟取代奶油嗎，會比較脆嗎？

用蜂蠟烤出來的可麗露一樣會軟，使用奶油烤出來的可麗露比較
香，也比較健康。

Q 模具可以讓可麗露更美嗎？需要使用銅模嗎？

書中使用日本霜鳥跟台灣製，做出來的成品一樣都很漂亮。銅模
台灣太貴了，不特別推薦，我也認為烤出的成品並沒有差別。

可麗露的故事

可麗露 canelé 是法國波爾多地區的特產，還有著「天使之鈴」與「法式
甜點松露」的美名，關於可麗露的緣起說法相當多，其中流傳最廣的是
16 世紀時的波爾多居民大量了進口的麵粉做為民生用，多的就會送給修
道院的修女們；再來波爾多地區以釀酒著名，葡萄酒釀造過程中會經過一
道利用蛋白打發成泡泡狀後，再將它放入桶子過濾酒中雜質的手續，至於
沒有被用到的大量蛋黃就也一起送給了修道院，修女們便利用這些材料做
出了可麗露的原型，材料和作法都與現今的可麗露不太一樣，也是經過了
甜點師傅的改良才形成今天美味的風貌。

經典可麗露呈現焦褐色、微硬微脆的表層，一開始看到這外表不起眼焦黑
的甜點，肯定是滿頭驚嘆號 !!??

不過當咬下第一口後，就會被用雞蛋與牛奶、香草等材料，帶有滿滿甜香
滋味的柔軟濕潤內餡給征服，是法式甜點的超經典品項！

比起圓型泡芙我更偏愛閃電，
做成長條型方便入口……
用閃電般的速度吃完而且不髒手呢！

閃電泡芙

烤箱預熱 | 190°C　　　烘烤時間 | 40 分鐘　　　成品數量 | 約 6 條

材料

無鹽奶油 50 公克

蛋 3 顆

糖 1 茶匙

鹽少許

水 125 公克

高筋麵粉 90 公克

擠花嘴 sn7141

卡士達鮮奶油

(作法請參考 P.017)

作法

1　將所有材料分別秤量好；麵粉過篩，均備用。

2　將水、奶油、鹽及糖放入鍋中小火煮沸。

3　將所有粉類材料倒入鍋中，快速攪拌至成麵糰即離火，繼續攪拌降溫至 60°C以下。

4　分 2 ～ 3 次加入蛋液，攪拌至麵糊拉起時呈倒三角形，且緩慢流下。

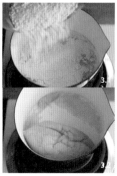

5 麵糊裝入擠花袋中，保持間隔整齊擠出約12cm麵糰至烤盤上。

6 撒上糖粉或刷上少許蛋液。

7 放進烤箱烘烤約30分鐘，關火、開小門縫約燜10分鐘至上色，烘烤完成側邊會有漂亮平均的裂痕。

8 用筷子從泡芙背面刺三個小孔，或將頭尾刺小洞。

9 填入卡士達鮮奶油 。

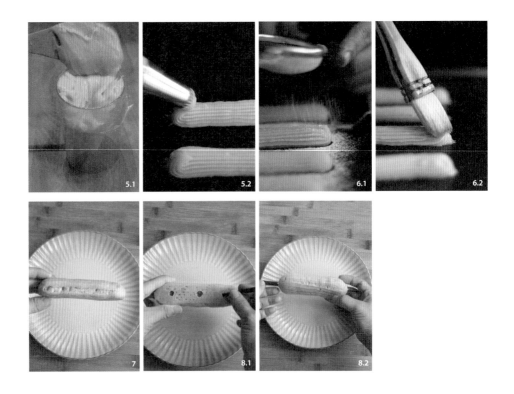

法國泡芙的故事

在法國，泡芙根據造型有不一樣的名字，也都有自己故事，是不是很讓人好奇呀？！Éclair 法文的原意為閃電，所以我們則稱它為閃電泡芙 Éclair。起源於西元 1863 年，跟發源地里昂有關。里昂這個城市以前的名字叫做 Lugdunum，是源自一個名為 Lug 的火神和電神的名字，所以演變到後來就用「閃電」稱呼這個來自里昂的甜點。另外一個比較可愛的說法是因為這甜點太好吃，可以讓所有淑女們短短幾秒如閃電般吃完而得名。在現今的法國當地也是非常受大家喜愛的甜點。

Q 烘烤前灑糖粉與刷蛋液的差異？

這兩者的目的都是要讓泡芙平均長大，不會亂膨脹，刷過蛋液的泡芙表皮會比較脆，灑糖粉則是口感會比較軟。其實還有第三選擇，就是最簡單的，噴上少許水也是可以的。

★ 在擠泡芙時力道要盡量均勻，不然烤出來形狀會醜醜的。

同場加映

調色巧克力閃電泡芙

材料：
白巧克力（或苦甜巧克力）100 公克、動物性鮮奶油 .50 公克、無鹽奶油 10 公克

作法：

1. 將鮮奶油和奶油一起加熱至微滾即可離火，加入白巧克力靜置 30 秒待巧克力融化，攪拌均勻即可。
2. 趁熱將擠好餡的閃電泡芙表面沾裹上巧克力。
3. 拉起來先停留一會兒，讓多餘巧克力流下。
4. 如果想做繽紛的色彩，可以用牙籤沾色膏後將白巧克力染成喜愛的顏色。
5. 最後撒上彩珠裝飾就可以了。
6. 若是喜歡原味的黑巧克力口味，只要把白巧克的部分換成苦甜巧克力，其他作法都一樣，最後撒上彩珠或是杏仁角裝飾就好。

在法國，不同造型的泡芙有不一樣的名字，
也都有自己故事，是不是很引人好奇呀⁉

修女泡芙

烤箱預熱｜上／下火 190℃　　**烘烤時間**｜30~40 分鐘　　**成品數量**｜約 8 個

材料

卡士達慕斯適量
（作法請參考 P.017）
義式奶油霜適量
（作法請參考 P.018)

泡芙材料 A
無鹽奶油 50 公克
蛋 3 顆
糖 1 茶匙
鹽少許
水 125 公克
高筋麵粉 90 公克

奶酥材料 B
無鹽奶油 15 公克
砂糖 15 公克
杏仁粉 15 公克
低筋麵粉 15 公克

作法

奶酥製作

1　將砂糖、低筋麵粉、杏仁粉、奶油放入鍋中。

2　用雙手將所有材料抓揉成糰。

3　將成品包在保鮮膜，用桿麵棍擀平大約 0.6 公分，冷藏備用。

泡芙製作

1 麵糊作法參考閃電泡芙步驟 1 ～ 4。

2 麵糊放入擠花袋，擠出一大一小為一組麵糰。

3 將剛剛做好的奶酥，分別用 3 公分、4 公分的餅乾模壓出奶酥圓片。

4 按照大小，分別蓋在麵糊上。

5 放進烤箱中烘烤 30 分鐘。

6 關火，烤箱開門縫燜約 10 分鐘

7 放涼後填入卡士達慕斯夾餡。

8 將泡芙 2/3 均勻沾裹巧克力。(巧克力作法詳見 P.133)

9 將沾好巧克力的泡芙，大泡芙作為底，小泡芙疊上。

10 在兩個泡芙中間，擠上一圈義式奶油霜裝飾即可

泡芙製作

修女泡芙的故事

由一大一小泡芙堆疊而成的修女泡芙，這道百年甜點也是甜點店中常見的一員，一個小的圓形泡芙疊在一個大的上面，中間擠上一圈像是修女罩袍領口的奶油霜，形似修女而得名。越是了解法國人的甜點歷史，就越覺得有趣，泡芙因不同形狀，就有不一樣的名稱，然而，對台灣人來說，這些明明就是泡芙呀！但對法國人來説，直條狀的就叫閃電，車輪型叫布雷斯特，一大一小堆疊叫修女，結尾絕對不會加上「泡芙」。但是，我們只管情婦叫小三、狐狸精，法國人不但可以擁有情婦及情人，甚至稱他們為「最偉大的情婦」，慎重地給了情婦隆重的抬頭，然而閃電只稱之為閃電，絕不是閃電泡芙！真是有趣的法國。

Q 一定要使用花嘴擠出麵糊嗎？

如果家裡沒有花嘴，或不使用花嘴也沒關係，同樣也可以擠出泡芙，只要一樣把麵糊入入塑膠袋中或三角擠花袋中，下面剪一個小孔，一樣可以擠出圓形麵糊。

Q 奶酥可以多做一些嗎？

可以的，奶酥冷藏可以放三天，奶酥的作用，除了多一個口感層次之外，也讓泡芙可以膨脹的圓滑平整，這裡的奶酥作法為基礎奶酥，我們也可以運用在磅蛋糕上喔。奶酥內餡可以千變萬化，也可以作成可可、抹茶等口味，也有些人除了奶酥之外，底部還會多加上一些果醬或其他不同口味的餡料。

Q 義式奶油霜和巧克力外衣可以代替或是變化顏色嗎？

可以的，也有人用彩色濕式糖霜來代替，不過我個人還是覺得用義式奶油霜口感比較好一些，而且義式奶油霜也可以染成不同顏色唷。同樣的，雖然黑巧克式是經典修女，現今大家也不只使用黑色，也會變化各種彩色的外衣，讓修女更鮮豔美麗。

Paris-Brest，巴黎布雷斯特
總覺得這個名字好美，
和她迷人的口感相當搭配。
出爐冷卻的瞬間一口咬下，
滿口是酥脆的滋味阿！

巴黎布雷斯特的故事

巴黎布雷斯特，又名車輪泡芙，有著相當有趣的背景故事。1891 年，布雷斯特 (Brest)，位於布列塔尼 (Bretagne) 西端的一個港口城市有一次舉辦了一個單車大賽，有位巴黎糕點師傅在這個長途單車賽的起點處旁開了一間糕點鋪，為了慶祝單車賽開跑，他特別設計了上頭滿滿杏仁片腳踏車輪形狀的泡芙，將其中間切開，擠入榛果口味或果仁巧克力的卡士達餡，最後撒上糖粉裝飾。想不到這番創舉受到熱烈歡迎，我想他應該算是當次單車賽中的最大贏家吧！

巴黎布雷斯特

烤箱預熱│上／下火 190℃　　　**烘烤時間│** 40~70 分鐘　　　**成品數量│**約 6 個

材料

麵糊材料

無鹽奶油 50 公克

蛋 3 顆

糖 1 茶匙

鹽少許

水 125 公克

高筋麵粉 90 公克

杏仁片、糖粉各適量

卡士達醬

（製作請參考 P.016）

作法

1　先準備好 1 小盤麵粉，模具沾一些麵粉。剩下的麵粉可以和其他麵粉一起繼續使用。

2　保持間隔的把麵粉印在烤盤上。

3　麵糊作法參考閃電泡芙步驟 1 ～ 4。

4　麵糊放入擠花袋，順著烤盤上的圓形，擠出泡芙麵糊。

5　在第一層麵糊上，擠上第二層。

6　在麵糊上刷薄薄蛋液。

7　麵糊上沾滿杏仁片。放進烤箱烘烤 40 分鐘，再調小火至 100℃，燜 30 分鐘。

8　出爐放涼後，中間切開，填入卡士達醬當夾餡，上面灑些許糖粉即可 。

新手不失敗的甜點筆記

・調小火 100℃，主要必須燜到上色，必須看成品顏色判斷時間。

・這款泡芙比較厚不容易烤脆，調降溫度的過程，溫度轉低即可，不能打開烤箱偷看唷，偷看輪胎可是會漏氣的。

法式鹹蛋糕算是一種家庭料理
是法國媽媽們必備手藝，
把家裡冰箱的現有食材拿出來做，
算是一種另類的清冰箱料理?!

家常煙燻香腸鹹蛋糕

烤箱預熱｜上／下火 190℃　　**烘烤時間**｜30~40 分鐘　　**成品數量**｜一條

材料

麵糊材料

雞蛋 2 顆

植物油 20 公克

牛奶 100 公克

低筋麵粉 100 公克

泡打粉、鹽各 1 小匙

起司絲適量

鹹料材料

炸酸豆少許

洋蔥 1/4 顆

紅甜椒 1/2 顆

黃甜椒 1/2 顆

玉米筍適量

花椰菜 1/4 顆

德國香腸 2 條

墨西哥辣椒少許

黑胡椒少許

鹽巴少許

起司絲適量

作法

1　將所有材料分別秤量好；麵粉過篩，均備用。

2　花椰菜切小塊；香腸、洋蔥均切丁。

3　將烤模內刷上一層薄薄的奶油。

4　烤膜內倒入一匙麵粉，左右搖晃麵粉，將烤模沾滿麵粉後，將多餘麵粉倒除。

鹹料拌炒

1　冷水煮水煮蛋，水滾後計時 12 分鐘，取出蛋、沖冷水後剝殼。

2　水煮花椰菜，水滾後加入少許鹽巴、沙拉油、白醋，放入花椰菜清燙一分鐘即可。

3　熱油鍋，放入洋蔥拌炒至金黃色，再加入花椰菜、甜椒、香腸炒勻，灑上黑胡椒及少許鹽巴調味。起鍋，冷卻後備用。

141

麵糊製作

1　將麵粉、泡打粉、鹽混合均勻，另外留 1 小匙備用。

2　蛋、牛奶、植物油混合均勻。

3　將蛋液分次倒入粉類材料中，利用打蛋器混合均勻。

4　加入少許起司絲。

5　將鹹料與步驟 1 備用的 1 大匙低筋麵粉混合均勻，可避免鹹料下沈底部。

6　餡料與麵糊混勻後，先將一半麵糊倒入烤模中。

7　在餡料中間藏入水煮蛋，再倒入剩下的麵糊，灑上其餘起司絲及炸酸豆。

我和爺爺的下午茶時光

蛋糕鹹鹹吃，我一開始想做這道鹹點是為了有糖尿病不能吃甜食的爺爺，用法式鹹蛋糕當做解嘴饞美味點心，我配外國咖啡，爺爺配著台灣茶，這是只屬於我們爺孫倆的午茶時光。

這道鹹蛋糕也常變成我的早午餐救援投手，一次做 1-2 條切片後冷凍保存，每當明天早餐或午餐懶得動手時，就開冰箱找 Cake Salé，而且我常使用不同模具烤出不同的成品來變化，冰箱有甚麼材料就丟下去烤，每次出爐都是不同的驚喜和樂趣。

鹹蛋糕的魅力在於，百變、容易操作，掌握幾個基本原則，就可依當下冰箱狀態來做變化，有趣吧？！

比如說，你家裡的小孩如果跟我一樣偏食，不吃紅蘿蔔不吃菜，那就把青菜都藏進去。(還好我媽不會做蛋糕～笑)

Q 為什麼內餡要加 1 大匙的麵粉？

炒好的內餡要先與 1 大匙麵粉混合，是因為內餡的比重比麵糊重，避免下沈底部，所以加入 1 大匙麵粉增加黏稠度，這裡的 1 大匙麵粉也可以從麵糊中的麵粉比例中取出喔。

Q 內餡是否可以替換食材和口味？

當然可以。你可以依照個人喜好或是選擇當季的蔬菜或肉類來替換，基本上法式的鹹蛋糕就是一種法國的家庭料理啊，總是隨著主婦的心情加以調整，說不定改天也可以試試看台式的口味，像是辣子雞丁或糖醋排骨呢！

做鹹塔時，
食材通常我都會多備一份，
做成鹹蛋糕也很好吃啊！

嫩雞鹹蛋糕

烤箱預熱 ｜ 上／下火 180℃　　**烘烤時間** ｜ 30~40 分鐘　　**成品數量** ｜ 1 條

材料

麵糊材料

雞蛋 2 顆

植物油 20 公克

牛奶 100 公克

低筋麵粉 100 公克

泡打粉、鹽各 1 小匙

起司絲適量

鹹料材料

雞腿 1 支

玉米筍 1 盒 (約 8-10 小根)

四季豆約 200 公克

蒜碎少許

洋蔥 1/4 顆

黑胡椒、鹽巴各少許

起司絲適量

作法

1　基礎麵糊作法參考 P.142【家常煙燻香腸鹹蛋糕】的麵糊製作。

2　內餡作法參考 P.102【法式鹹塔——起司嫩雞】的餡料製作。

3　將步驟 2 做好的內餡與 1 大匙麵粉混合，避免下沈底部。

4　餡料與麵糊混勻後，倒入烤模。

5　麵糊上灑起司絲。

6　放進烤箱烘烤 30 ～ 40 分鐘就完成囉。

PART 05

甜甜小日子
派對甜點

Let's go parry！
生日、婚禮、聖誕節，
在各種節日奉上親手做的蛋糕，
因為特別喜歡看到人們吃甜點時的幸福表情，
每每可以讓我也跟著開心一整天。

光想到英式下午茶
就覺得自己也開始變得優雅了，
打扮合宜地與姊妹一起品嘗，
讓平凡的日子也變得不平凡。

維多利亞海綿蛋糕

烤箱預熱 | 180℃　　**烘烤時間** | 14 分鐘　　**成品數量** | 可做 1 個六吋的蛋糕

材料

海綿蛋糕材料 A

砂糖 90 公克
雞蛋 3 顆（室溫）
鹽巴 1/4 茶匙
低筋麵粉 90 公克
植物油 20 公克

草莓夾餡材料 B

香緹鮮奶油 200 公克
（作法參考 P.014）
糖粉 20 公克
草莓果醬適量

作法

海綿蛋糕

1　將所有材料分別秤量好；低筋麵粉先過篩，均備用。

2　將烘焙紙剪裁成適當大小，放入蛋糕模排放好。

3　將雞蛋打入攪拌盆中，稍微打散。

4　加入糖、鹽，利用鋼球拌勻。

5　將攪拌鋼隔水加熱至 37℃，用手觸摸感覺比體溫稍高一點即可，過程中必須不斷攪拌。

6　溫度到達 37℃，將攪拌機開到最高速，把麵糊打發至麵糊狀態，呈現淺米黃色，拉起來麵糊會有清楚摺痕。

7　將攪拌機速度開到最低速，麵粉分次加入，利用攪拌機稍微拌勻，再換手拿鋼球輕輕拌勻，殘留有一點點麵粉沒拌勻也無所謂。

海綿蛋糕

8 刨入適量檸檬皮，大塊切拌，如果不喜歡檸檬味也可以不加。

9 取出少量麵糊，和沙拉油另外拌勻，再倒回原麵糊鍋攪拌均勻。

10 將麵糊平均倒入兩個六吋烤模中，每個約 150 公克，進烤箱烘烤 14 分鐘。用牙籤戳看看蛋糕中心，沒有沾麵糊就是熟了，蛋糕出爐後馬上輕敲。

11 移至鐵網後馬上撕掉烘焙紙。

草莓夾餡

1. 將蛋糕去掉頂層，如果覺得麻煩，頂層不去除也無所謂。

2. 取一層依喜好抹上適量草莓果醬，再抹上厚厚鮮奶油。

3. 蓋上另一個蛋糕體，撒上糖粉裝飾即完成 。

草莓夾餡

維多利亞的故事

維多利亞海綿蛋糕，來自英國皇室的甜點，也稱之為草莓果醬蛋糕。
相傳維多利亞女王因丈夫過世而沉浸在喪夫之痛中，進而過著隱居
的生活，一年多後為了迎接女王恢復辦公，其夫的前祕書特別在舉
辦的茶會上精心準備了這個蛋糕，因此而得名。其實英國是用紮實
口感的磅蛋糕來做組合，但我們台灣習慣吃口感比較鬆軟的海綿蛋
糕，外觀看起來相同，有機會到英國品嘗當地的 Victoria Sponge
Cake，希望這款大有來頭的蛋糕，能加入你的 party 名單，做法跟
裝飾都很樸實很簡單，端出你收藏已久的高腳蛋糕盤來呈現吧！

Q 如果只使用一個烤模，溫度時間設定不同嗎？

如果麵糊使用一個烤模烘烤，溫度 170℃，可以將時間調整至 35~40 分鐘左
右，一樣出爐時先用牙籤戳入中心點確認，只要不沾黏即可。

Q 如果我沒有桌上型自動攪拌機就不能做蛋糕？

當然不是囉，一開始廚房新手也不用買齊全部的設備，使用手持攪拌機也
可以唷！只是要花費稍微久一點，大約 10 分鐘，只是手持打發的泡沫肯定
沒有桌上型來的穩定細緻，使用桌上型自動攪拌機打發時，可以同時做其
他步驟，不過大家還是得考慮自己評估和考量預算及家裡是否有足夠的空
間，還有是否會持續做甜點，只是有了桌上型攪拌機，做甜點對於新手來
說，可以少了一些製作的困難，讓新手更多了意願。

Q 攪拌麵粉時使用鋼球和刮刀有什麼不同嗎？

我發現如果是烘焙新手使用刮刀時，經常會沒辦法將麵粉順利拌勻，又因
為要將麵粉拌勻而過度攪拌，反而造成麵糊消泡，蛋糕烘烤後扁扁的，口
感還有麵粉顆粒，如果利用鋼球或是打蛋器即可以大大改善這個問題。

Q 出爐後為什麼需要輕敲？

輕敲一下讓蛋糕中間不會凹陷，前提是要確認蛋糕是否已經連中心都熟透
了才可以敲喔！如果是只用一個烤模則更是容易塌陷，敲一下就不會了，
這是一個不能小看的動作及小訣竅！

新手不失敗的甜點筆記

耶誕節交換禮物要準備甚麼呢？

手做一些好吃的奶油餅乾，

將可愛的主角們畫上去，裝進果醬罐

每一片都展現你的滿滿的心意。

來一場聖誕 Party

材料

硬性糖霜：白色、粉紅色、紅色、藍色

濕性糖霜：白色、粉紅色、黃色、紅色、咖啡色、綠色、粉藍色

食用色粉：金色

餅乾：星星餅乾 4 片

奶油餅乾：10~15 片

作法

星星

1 星星型餅乾灌好黃色濕性糖霜。

2 確認餅乾上的糖霜已經乾燥。

3 利用乾燥彩筆沾取金色色粉。

4 直接接刷在星星餅乾表層即可。

雪人

1 圓餅乾上灌好綠色濕性糖霜。

2 確認餅乾上的糖霜已經乾燥。

3 利用濕性白色糖霜擠出一大一小的圓形。

4 待表面乾燥，再利用紅色硬性糖霜畫出帽子。

5 使用藍色硬性糖霜做出圍巾就可以囉。

拐杖糖

1 圓餅乾上灌好白色濕性糖霜。

2 確認餅乾上的糖霜已經乾燥。

3 利用白色硬性糖霜將拐杖糖框出來。

4 再使用濕性糖霜分別用紅色跟白色把間隔填滿。

5 用牙籤把糖霜順整齊即可。

薑餅人

1 圓餅乾上灌好紅色濕性糖霜。

2 確認餅乾上的糖霜已經乾燥。

3 利用咖啡色濕性糖霜把薑餅人的輪廓擠出來。

4 待表面乾燥。

5 再畫出紅嘴巴、黃扣子、白眼睛、白裝飾、藍眉毛等。

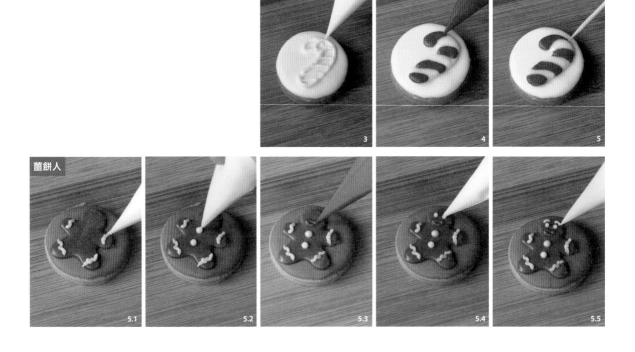

麋鹿

1　圓餅乾上灌好白色濕性糖霜。

2　確認餅乾上的糖霜已經乾燥。

3　利用咖啡色濕性糖霜將臉的輪廓擠出來，待表面乾燥。

4　再擠上耳朵跟鹿角，並用濕性紅色糖霜畫出鼻子。

5　待完全乾燥，再利用黑色食用色筆畫出眼睛嘴巴。

耶誕帽

1　圓餅乾上灌好綠色濕性糖霜。

2　確認餅乾上的糖霜已經乾燥。

3　利用紅色濕性糖霜將帽子的輪廓畫出來，待表面乾燥。

4　再用白色硬性糖霜畫出帽沿就好囉。

155

耶誕葉 & 槲寄生

1 圓餅乾上灌好白色糖霜。

2 確認餅乾上的糖霜已經乾燥。

3 利用綠色濕性糖霜將葉子的輪廓擠出來

4 利用牙籤將輪廓順齊。

5 待葉子表面乾燥，再畫出梗。

6 用紅色硬性糖霜擠出果實，再利用白色糖霜點綴。

耶誕樹

1 圓餅乾上灌好紅色糖霜。

2 確認餅乾上的糖霜已經乾燥。

3 利用綠色濕性糖霜分別將樹葉的輪廓畫出來。

4 待表面乾燥。

5 再擠上中間層與咖啡色樹幹。

6 用硬性白色糖霜分散畫出雪花

7 利用喜愛的顏色加以點綴裝飾。

耶誕葉 & 檞寄生   3   4   5   6.1   6.2

耶誕樹   3   4   5   6   7

同場加映

聖誕餅乾的禮物包裝

因為聖誕餅乾本身的色彩就很豐富，所以包裝方式很簡單，
找一個回收的果醬瓶或梅森罐，把餅乾放進去後蓋上瓶蓋，
瓶子上面用牛皮紙和彩色線條包好就可以囉，簡單又大方。

不論是朋友生日還是慶功趴，
準備一個驚喜蛋糕，
切開的那一瞬間，
就是 Party 最歡樂的高潮。

驚喜蛋糕

烤箱預熱｜ 180℃　　　**烘烤時間｜** 35-40 分鐘　　　**成品數量｜** 可做 2 個六吋的蛋糕

材料

海綿蛋糕材料 A
砂糖 180 公克
雞蛋 6 顆（室溫）
鹽巴 1/3 茶匙
低筋麵粉 180 公克
植物油 40 公克
六吋烤模 2 個

抹醬 & 內餡材料 B
香緹鮮奶油或義式奶油霜
500 公克（作法請參考
P.014、P.018）
雷根糖、果醬各適量
食用色素：
紫色、綠色、黃色各少許

工具

彎形抹刀
6 吋曲柄抹刀
蛋糕轉台
蛋糕盤

作法

海綿蛋糕 2 個六吋

（步驟請參考 P.149）

抹蛋糕

1　將蛋糕片橫切成四片。

2　其中三片蛋糕用餅乾模在中間點壓下一塊。

3　留一片不切。

4　蛋糕台下面放一片防滑墊，再放上蛋糕盤和一層蛋糕。

5　取一些香緹鮮奶油在蛋糕上用彎形抹刀抹平。

6　再抹上一匙果醬後，再蓋上第二片蛋糕。

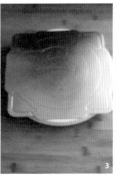

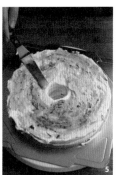

7. 重複步驟塗抹，蓋上第三層蛋糕，然後用抹刀將中間奶油收乾淨。

8. 將雷根糖或是其他喜歡的糖果裝滿中間小洞。

9. 蓋上最後一片蛋糕。

10. 多抹上一些奶油用 8 吋抹刀抹平。

11. 側面利用刮板幫助奶油收齊。

12. 放入冷凍庫冰 30 分鐘。

13. 利用時間將剩下的奶油分成三份，各別染成黃、紫、綠色。

14. 將其兩色由下往上分別抹上蛋糕，我先抹上黃色，再抹上紫色。

15. 盡量抹一樣的厚度。

16. 最後一色一次放多一些，在蛋糕最上層，然後往旁邊收乾淨。

17. 一手水平拿著抹刀，一手轉蛋糕台，由下往上順出紋路。

18. 將多餘奶油稍微收乾淨。

19. 同樣一手水平拿抹刀，一手轉蛋糕台從蛋糕上面，由外往內順出紋路。

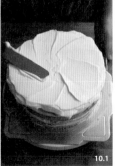

新手不失敗的甜點筆記

★ 最上層一次抹多一些奶油，會比較容易將蛋糕抹整齊。

★ 中間的糖果除了雷根糖之外，M&M 巧克力或是跳跳糖、小棒棒糖等都可以使用，或是混合使用也可以。

雙層蛋糕用來慶生很棒，當成結婚蛋糕也可以，只要一擺出來，就是全場注目的焦點。

雙層生日蛋糕

（作法請詳見 P.148）

材料

五吋、三吋奇亞籽
海綿蛋糕各 1 個
（作法請詳見 P.148，一樣
的麵糊比例倒入不同尺寸
模具即可）
義式奶油霜 300 克
（作法請詳見 P.018）
市售翻糖 300 公克
食用色素：黃、藍各少許
玉米粉適量
硬性白色糖霜適量
（作法請詳見 P.064）

作法

蛋糕抹奶油

1　將 3 吋和 5 吋蛋糕均先切除上層麵皮，再水平切半。

2　先把防滑墊放在轉台上，再放上蛋糕盤。

3　先抹一點奶油霜在蛋糕盤上，再放上蛋糕，以防止蛋糕滑動。

4　先將奶油霜放在蛋糕中心，利用抹刀左右平均抹開，每層均
　　重複動作。

5　將蛋糕側邊奶油霜收乾淨。

6　上圍的奶油霜是由外輕輕往內收，盡可能抹到平整，將蛋糕
　　盤擦拭乾淨，放入冷凍 30 分鐘。

蛋糕抹奶油

翻糖染色

1 將工作桌面噴酒精並擦拭乾淨。

2 桌面撒些玉米粉防止沾黏，再放上翻糖，玉米粉可以。

3 利用牙籤沾取黃、藍色膏，將翻糖揉成藍綠色，再視情況調整色膏。

覆蓋翻糖

1 利用桿麵棍將翻糖平均擀開，厚度大約 0.3 公分。

2 將翻糖披覆在蛋糕上，利用掌心將空氣順出來。

3 不時將翻糖拉開以增加延展性，然後繼續將蛋糕順圓。

4 盡可能貼緊蛋糕，用 pizza 刀切除多餘翻糖，不要一次修齊，以免修過頭露出蛋糕底，慢慢將蛋糕修整好。

5 兩個蛋糕均先都覆蓋翻糖，然後取 3 根棒棒糖棍插在 5 吋蛋糕正中間，呈三角形的部分。

蛋糕彩繪

1　用硬性白色糖霜在 3 吋蛋糕上，上下左右四個點畫出三瓣，由上下左右的方式可將花紋更整齊的畫出來。

2　在四個空隙間畫上三瓣空心瓣。

3　外圍用波浪蕾絲包圍。

4　在每個花瓣上，加三個點點，由大畫到小。

5　波浪外圍畫上實心愛心。

6　寫上英文草寫。

7　在剛剛棒棒糖的位置擠上糖霜，然後疊上 3 吋蛋糕。

8　上層蛋糕的側邊縫隙，擠上一圈水滴花紋。

9　下層蛋糕側邊一樣擠上水滴花紋就完成囉。

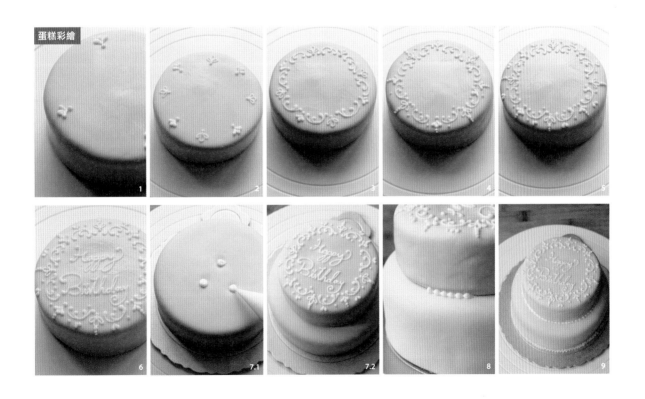

整人牙膏馬卡龍

材料

馬卡龍：灰色1個

牙膏少許

工 具：畫筆一支、亮粉

硬式糖霜：黑色

作法

1　參考 P.107 馬卡龍做法，做出幾個馬卡龍，其中一個不要夾餡。

2　在馬卡龍中間擠上牙膏。

3　再疊上另一邊馬卡龍。

4　為了其他馬卡龍區別，刷上亮粉後，用硬式糖霜寫上壽星的名字，就完成囉。

同場加映

整人的方法有百百款，用各種整人內餡放入蛋糕中，真的是最好玩又安全的餘興節目了。

自己還可以變化做成各種口味唷！

不須調整直接使用的夾餡：

❶ 清涼爽口的牙膏 ❷ 辣到家辣椒醬 ❸ 酸到底梅精。

須調整後使用的夾餡：嗆辣芥末醬

作法：用市售芥末醬加上義式奶油霜適量，攪拌均勻就可以囉。

用途：哭出來芥末泡芙、瘋狂芥末閃電、辣得要命馬卡龍。

超辣杯子蛋糕

材料

杯子蛋糕 1 個
辣椒醬少許
義式奶油霜少許

作法

1　參考杯子蛋糕做法，準備幾個杯子蛋糕。

2　把杯子蛋糕中間用湯匙挖一個洞。

3　放入少許辣椒醬。

4　把原本那塊海綿蛋糕填回去。

5　擠上義式奶油糖霜，就完成囉。

3　　　4　　　5　　　6.1

哭出來
芥末泡芙

瘋狂芥末
閃電

在特別的日子，
親手製作甜點給最在意的人

是姊妹小聚、還是生日聚會？腦海裡猶豫著該設計的甜點品項。
對我而言，甜點乘載了我對每個人的祝福，每一個步驟和環節都
有我滿滿的心意。

客人特製的蛋糕訂單，
小小的覺得好可愛。

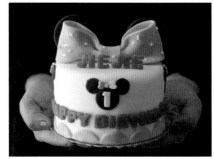

小朋友最是純真，
喜不喜歡全寫在臉上了。

我與幾位壽星朋友一起過耶誕節與慶生，烘
焙人的命運就是：自己的生日蛋糕自己做。

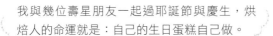

在酒吧慶生的客人硬要把蛋糕
塔堆到如此危險的高度，而且
在滿是酒客的現場，搭這麼高
我也覺得好可怕啊!!

生日蛋糕用驚喜彩虹內餡，
一切開就驚艷現場。

相戀 10 週年與好友生日，一起在
W 飯店慶祝，我想，能相聚就是
最大的幸福。

糖霜餅乾個別小巧
包裝也很漂亮，常
是喜宴上受歡迎的
伴手禮。

午後，在公園找個位置，拿出行事曆確認日期。
花了半小時才決定製作攜帶方便、小巧可愛的瑪德蓮，準備要帶去姊妹家小聚。
最後卻在烘焙材料店秒推翻這個決定，只因為看到店家新進的六吋蛋糕盒好美！

「到底為什麼不愛吃甜食的我，卻在做甜點？」

我想，那是甜點不但療癒了愛吃甜食的你們，製作甜點的過程也療癒了我自己，
為平凡的我帶來掌聲。

訂製一個
專屬於你的甜點

每一個甜點都有屬於你和他的溫度及故事，手作的蛋糕更能讓人
感受到這份心意。我也會為客戶量身打造屬於他的精采故事。

林依晨和師弟簡宏霖合拍
電影《234 說愛你》時，
接受自由時報專訪，特別
來 VK Cooking House
學習動手製作愛情主題的
翻糖蛋糕。

林嘉琦的小公主生日會，訂
製了 VK Cooking House 的
卡通造型蛋糕和杯子蛋糕慶
生，陳思璇也一起來幫好友
的小公主慶生。

種子音樂女神汪小敏，手上拿
的 也 是 VK Cooking House
做的 LOGO 平面杯子蛋糕。

柯有倫 Alan Kuo VIP 慶生派對：【金鋼倫主題立體蛋糕】，其實慶生當天 VK 就在現場，有點小緊張...好啦！其實是很挫啦！畢竟第一時間就可以聽到直接的評價嘛!!

陳綺貞的新唱片慶功宴上，也是訂製有唱片封面的個人化訂製蛋糕。

愛奇藝台灣站
3 週年生日快樂

愛之味
新品發表會

善思達 - 楊森製藥
Logo 餅乾

愛奇藝七週年生日快樂【手寫字平面杯子蛋糕愛奇藝的蛋糕】，7th 不凡如期而至。

SEIKO Super Runner
城市路跑賽

訂製甜點的完美配方 / VK cooking house 著 . -- 初版 . -- 新北
市 : 幸福文化出版 : 遠足文化發行 , 2019.05(滿足館)
ISBN 978-957-8683-45-7(平裝)
1. 點心食譜
427.16   108004863

滿足館 052

訂製甜點的完美配方

人氣烘焙名店 VK cooking house 的零失敗祕訣

作　　者：VK cooking house
主　　編：黃佳燕
攝　　影：Arko Studio 光和影像
封面設計：萬亞雰
內頁設計：萬亞雰、王氏研創藝術有限公司
內頁編排：王氏研創藝術有限公司
印　　務：黃禮賢、李孟儒

出版總監：黃文慧
副 總 編：梁淑玲、林麗文
主　　編：蕭歆儀、黃佳燕、賴秉薇
行銷企劃：陳詩婷 、林彥伶

社　　長：郭重興
發行人兼出版總監：曾大福
出　　版：幸福文化出版
地　　址：231 新北市新店區民權路 108-1 號 8 樓
網　　址：https://www.facebook.com/
　　　　　happinessbookrep/
電　　話：(02) 2218-1417
傳　　真：(02) 2218-8057

發　　行：遠足文化事業股份有限公司
地　　址：231 新北市新店區民權路 108-2 號 9 樓
電　　話：(02) 2218-1417
傳　　真：(02) 2218-1142
電　　郵：service@bookrep.com.tw
郵撥帳號：19504465
客服電話：0800-221-029
網　　址：www.bookrep.com.tw

法律顧問：華洋法律事務所 蘇文生律師
印　　刷：凱林彩印股份有限公司
電　　話：(02) 2796-3576

初版一刷：西元 2019 年 5 月
定　　價：420 元

Handmade Dessert

Handmade Dessert